Angewandte Forschung zur Stadt der Zukunft

Aktuelle Forschungsarbeiten zu urbanen Technologien und Infrastrukturen sowie urbanem Leben

BEUTH HOCHSCHULE
FÜR TECHNIK
BERLIN
University of Applied Sciences

Prof. Dr. rer. nat. Monika Gross

Prof. Dr. rer. nat. Sebastian von Klinski

Angewandte Forschung zur Stadt der Zukunft

Städte wachsen täglich – und damit auch ihr Umland. Nach aktuellen Schätzungen der UN werden im Jahr 2050 zwei Drittel der Weltbevölkerung in Städten oder ihrem Umland leben. Es ist also eine der großen Zukunftsfragen, wie Stadt- und Umlandbewohner ihre natürlichen, sozialen und technischen Bedürfnisse diesem Umfeld anzupassen vermögen. Die sich daraus ergebenden Fragestellungen sind außerordentlich vielseitig und betreffen nahezu alle Forschungsbereiche.

Wie können die Städte der Zukunft mit Energie versorgt werden? Wie müssen Häuser in der Stadt der Zukunft gebaut werden, um den veränderten Rahmenbedingungen und Anforderungen an eine nachhaltige Stadtentwicklung zu genügen? Wie kann die Mobilität in der Zukunft trotz der Verknappung von fossilen Energieträgern und zunehmenden Klimawandel gewährleistet werden? Wie entwickeln sich auch übergreifende Aspekte der Gesellschaft wie Kommunikation, Medien, Freizeitgestaltung und das Gesundheitswesen in den nächsten Jahren? Dabei spielen nicht nur Umwelt- und Energieaspekte eine Rolle, sondern auch grundlegende Gesellschaftsfaktoren wie beispielsweise der sich beschleunigende demographische Wandel.

Im vorliegenden Forschungsband der Beuth Hochschule finden Sie Beiträge zu diesen sehr unterschiedlichen Fragestellungen. Die übergreifende Aufgabenstellung lautete dabei stets, die Stadt der Zukunft nicht zu dokumentieren, sondern sie aktiv mit zu gestalten. Hierzu haben wir Wissenschaftler eingeladen darzustellen, wie sie mit ihren Forschungen zur Weiterentwicklung urbanen Lebens beitragen.

Der Sammelband schlägt einen weiten Bogen von spezifischen Aspekten des demographischen Wandels, wie der medizinischen Versorgung einer wachsenden Bevölkerung oder der Planung und Überwachung von Bauwerken, zu zukunftsformenden Technologien, wie der Verbesserung von Kommunikation und Informationsflüssen. Insgesamt veranschaulichen die Forschungsergebnisse, wie wichtig die Nähe von Theorie und Praxis ist, um nachhaltige Lösungskonzepte für eine praktische Umsetzung zu entwickeln. Dabei findet fortwährend ein sehr anregender Austausch zwischen Wirtschaft und Wissenschaft statt, der wiederum dem Fortschritt wichtige Impulse für neue Konzepte und Ideen gibt. Dieser Forschungsband hatte sich den Austausch von Ideen und das Identifizieren von neuen Möglichkeiten der Zusammenarbeit zum Ziel gesetzt.

In diesem Sinne wünschen wir Ihnen eine inspirierende Lektüre und bedanken uns ganz herzlich für die Beiträge sowie bei allen Mitarbeiterinnen und Mitarbeitern, die bei der Entstehung dieses Sammelbandes mitgewirkt haben.

Prof. Dr. rer. nat. Monika Gross
Präsidentin

Prof. Dr. rer. nat. Sebastian von Klinski
Vizepräsident für Forschung und Hochschulprozesse

Inhalt

Urbane Technologien für die Stadt der Zukunft

BBC-DaaS: Future Open Data Platforms and Data Markets 6
Prof. Dr. Stefan Edlich; Sonam Singh; Ingo Pfennigstorf

Innovative Entwicklungen zur Kostenreduktion von urbanen Begrünungssystemen 10
Prof. Dr. habil. Hartmut Balder

Verbundprojekt CityDoctor 15
Mark Wewetzer, M.Sc.; Julius von Falkenhausen, B.Sc.; Detlev Wagner, M.Sc.; Nazmul Alam, M.Sc.; Prof. Dr. Margitta Pries; Prof Dr.-Ing. Volker Coors; Prof. Dr.-Ing. Jörg W. Fischer

Ein Verfahren zur Erzeugung vierseitiger ClassA-Füllflächen 22
Prof. Dr. Ute Wagner

Frühzeitige Erkennung sicherheitsrelevanter Defekte an Ingenieurbauwerken im Rahmen von dynamischen Belastungstests 28
Prof. Dr. Boris Resnik; Prof. Dr. W. Tilman Schlenzka

Analyse des Arbeitsprinzips von Birotor Generatoren für Mikrowasserkraftwerke 32
Ruslan Akparaliev

Innovative Methoden und Verfahren für den Bau und Betrieb von Sonderanlagen 35
Prof. Dipl.-Ing. Katja Biek

BioClime – Effiziente Ressourcennutzung mittels Datenerhebung als Basis eines Energie-Benchmarks für Sonderbauten 43
Prof. Dipl.-Ing. Katja Biek; Dipl.-Ing. Arch. Helena Broad; Nora Exner, M.Sc.

Infrastrukturen für die Stadt der Zukunft

Integration von Geodaten und Daten des Facility Managements zur Verbesserung der Liegenschaftsverwaltung 49
Prof. Dr. Markus Krämer; Prof. Dr. Petra Sauer

Predictive Analysis on Smart-Apps: Predicting Citizen Behavior and the MOMO Project 53
Prof. Dr. Stefan Edlich; Mathias Vogler; Norbert Maibaum

Geoinformationssysteme als Entscheidungshilfe für die ambulante medizinische Versorgung auf dem Weg zur gesunden Stadt von morgen. 59
Prof. Dr. Jürgen Schweikart; Dipl.-Ing. Jonas Pieper

Wie kann man die Stadt der Zukunft so (um-)bauen, dass man Energie, CO_2 sparen und den Müll verringern kann? 66
Prof. Dr.-Ing. Angelika Banghard

Mobiler Eventguide – Mobile Informationen für Städter der Zukunft 70
Thorsten Stark, M.Sc.; Hannes Walz, B.Sc.; Dipl.-Inf. Dominik Berres; Prof. Dr. Gudrun Görlitz

Leben in der Stadt der Zukunft

Film- und TV-Studio in Neukölln 75
Prof. Dr.-Ing. Susanne Junker

Nachhaltigkeit in Freizeitanlagen – GRW-Projekt FEZ Berlin in der Wuhlheide 79
Prof. Dipl.-Ing. Katja Biek; Dirk Maier, M.Sc. FM; Matthias Bartknecht, M.Sc. FM

Der demografische Wandel – Schicksal oder Entscheidung? 86
Prof. Dr. Karl Michael Ortmann

Managing Diversity in internationalen Projektteams an der Hochschule 93
Prof. Dr. Ilona Buchem

In der Stadt der Zukunft kommt die Uni zu den Studierenden
Online-Verhalten analysieren 96
Helena Dierenfeld; Prof. Dr. Agathe Merceron; Sebastian Schwarzrock

BBC-DaaS: Future Open Data Platforms and Data Markets

Prof. Dr. Stefan Edlich; Sonam Singh; Ingo Pfennigstorf
Research focus: Mobile Applications, Machine Learning, Big Data

Kurzfassung

Das BBC-DaaS Projekt ist ein IFAF-Verbundprojekt in Zusammenarbeit mit der Hochschule für Technik und Wirtschaft (HTW) Berlin, der Beuth Hochschule für Technik Berlin und der WebXells GmbH. Während die HTW Berlin im Bereich Semantic-Web und TagClouds Forscht, wird an der Beuth Hochschule erforscht, welche Elemente ein Open-Data Portal beinhalten muss und ein solches realisiert. Schwerpunkt dabei ist die mobile Darstellung großer Datenmengen und die Konnektivität zu anderen Universitätsprojekten auf tieferen Ebenen.

Abstract

The BBC-DaaS Project is an IFAF-Project where HTW Berlin, Beuth Hochschule für Technik Berlin and WebXells GmH are working together. HTW Berlin is currently doing research on Semantic-Web and Tag Clouds. At Beuth Hochschule we have investigated all possible elements of the future open data portal and we are currently building the upper layers of such portal. We now focus on the mobile representation of large datasets and have some cooperation with other university projects building the lower levels.

Introduction

To provide data for a marketplace or open data, there are several questions unanswered because of this new issue of cloud computing and the respective PaaS / SaaS Services: Security, Privacy, License Management, Search / Find Data, Categorizing Data, Pricing / Billing, Standards, Access Methods, Analytics, etc. These questions are subject of research in several other research projects in DFG and MBMF (Statosphere, BMBF Schwerpunkt Informationsgesellschaft, Berlin City Data Cloud, MIA - ein Marktplatz für Informationen und Analysen). Furthermore if existing services are investigated (INFOCHIMPS, DATAMARKET, FACTUAL, FREEBASE, BUZZDATA, Kasabi, Google Public Data / Squared, etc.) one can find that all portals are specific in one or the other way. Either data, access methods or analytics, transformations are limited. This was the basic reason to investigate on open data portals and data markets to be open as possible and free to download and use.

Some related areas are:

- Integration of other Cloud Services (ETH Systems, TU-Berlin, etc.)
- Research on Access and Security issues (e.g. OAuth)
- Leveraging Standards and Protocols for Open Data as a SaaS (e.g. REST)
- Applications itself on innovative Cloud-Services on the IaaS / PaaS Layer

Related Work

The web has many datasources as Geohive [Geo 12] or the Data Worldbank [Wor 12]. And many cities around the world have come to conclusion that open data is of great value for the government and for the citizens. Some popular examples are the Berlin Open Data Platform [Ber 12] and the new popular Palo Alto Open Data Platform [Pal 12] [Sil 11]. But many cities have already decided to make use of their open data and give the data back to the population. Furthermore the above mentioned services like Factual.com or Infochimps.com have proven great value in providing platforms for open data management. And finally there are companies who build and sell these kind of platforms e.g. to governments as socrata.com.

All these solutions provide great value but we have noticed two problems:

- No one has identified the full stack of services that can be delivered by platforms like these
- There is even not a prototype you can download / install and run to start a service.

The BBC-DaaS Project is trying to deliver results in this direction.

Requirements

At the start of this research project we had to investigate all of these services, identify the sweet and the black spots and build up a list of requirements. The following items list some of the most important points:

1. Create, Publish, Delete, Update Data (**CRUD**)
2. **Manage** Data => **Metadata**
3. **Search**: => Download
   a: browse (categories, tree and tag cloud)
   b: predefined (starred from the history)
   c: submit native query (manage all queries in a history)
4. **Buy and Sell** data
5. **Visualize** Data (create / buy / sell) = measure data
6. **Filter** Data (create / buy / sell)
7. **Transform** Data (create / buy / sell)
8. ensure direct **Security** and via API (private / public / sync)
9. support **Analytics** APIs / Tools and support Machine Learning (**ML**) API / Tools
10. support all kind of **data formats** (e.g. also Apps / Widgets)
11. support Location Based Services (**LBS**, with visualization)
12. support Natual Language Processing (**NLP**)
13. **Mashups** (Filter+Transformations+Analytics+Views+Apps)
14. **Access** Points: Ad-Hoc Queries / Work (PC), Smartphone / Tablet, RSS / SMS, (social networks)
15. REST APIs (provided by most open data platforms)
16. **DB APIs** to support all databases, data sources, connectors
17. **Stream** in / read from queues -> Process is (e.g. Twitter / real-time)

Of course there are many more but the ones listed above belong to the main category of requirements. And most of the commercial products only support about 5 to 12 of them.

Design of the Open Data portal

The architecture of the respective BBC-DaaS is intended to capture all these Use-Cases (see picture 1). Besides being able to connect nearly all databases, we already deliver a HTML5 portal and native apps in the next release. A very important point in this Architecture was an optional REST layer and the possibility to enhance the data by managing all visualizations, transformations and filters. This allows mashups of data.

Of course within the first 6 months we had in this research project, it was not possible to build up the entire functionality and thus surpass e.g. socrata.

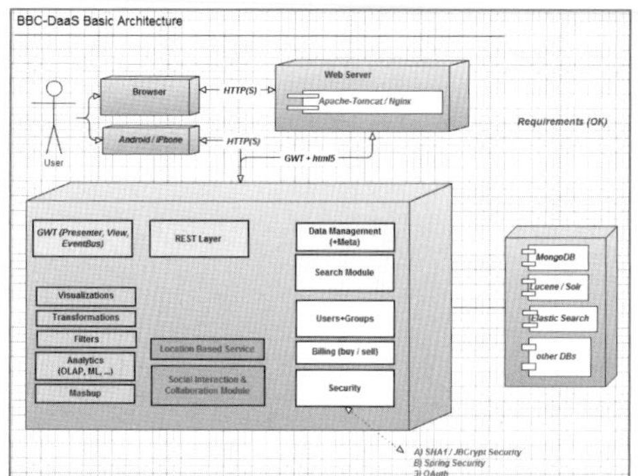

Fig. 1: Design and Architecture of the Open Data Portal

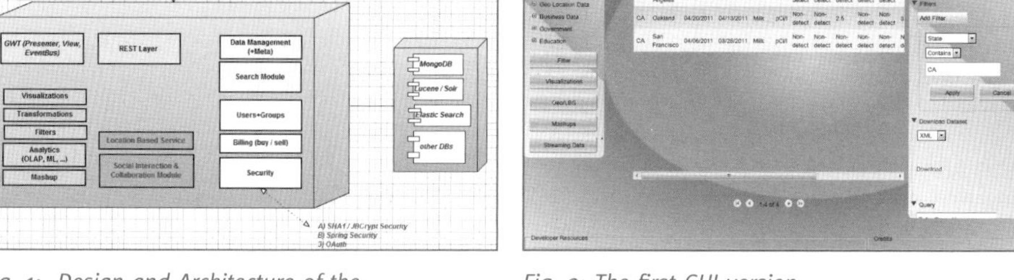

Fig. 2: The first GUI version

Experiences with the first prototype

The first version of the GUI is ready. See picture 2. This is not yet HTML5 but this is the next step on the roadmap. An important step on the way to evaluate this prototype was to make it public available. This means deploying it on a popular cloud service. Therefore we tested open shift and cloud foundry. The latter was a good choice and the deployment from eclipse was as easy as a local deployment.

In this platform, uploading and managing your data was an easy and a fun task. One of the first steps was to create a dynamic filtering on the data. The concept here is that you can have a two step filter and search process. At first we build a predefined filter where you can select rows as it is done like in ACCESS databases. You can chain these filters and receive the desired data. In the next version you will also be able to store and manage these filters or store the output in another dataset. But the real value comes when you are able to pass any query string. This could be:

- A spoken string in 'natural language'. Meaning you have to convert and understand this task which is a difficult Natural Language Processing (NLP) task and a hot research area.
- A query string that can be passed via the GUI and is 'native' to the Database. This allows accessing nearly all databases.
- Of course in the first step we just pass the query and receive the result, no matter of the underlying data platform or database.

Results and Outlook

During the next year we plan to integrate the new Tag-Cloud designed by HTW Berlin. This would allow users to find datasets in a faster way. Up to now you can search the tags, look up the public or your personal tree. Sharpening your search by selecting words or clusters in a tag cloud is another interesting option if, for example, the search itself is unclear.

A big problem with open data portals and data markets in general is the visualization itself. There is not much research going on in this area for large datasets. Many research projects focus on geo, medical or multidimensional examples [Leh 10]. However we intend to do the following:

1. Integrate Google Fusion Tables which works well for datasets smaller then Gigabytes.

2. Try to investigate reduction algorithms that can transform the huge amount of data to a smaller amount without a big loss in visibility. Then passing the reduced amount to Google Fusion Tables. This is like an mp3 for visual data, e.g. meaning to hide data that is already hidden by other data.
3. Try to simplify visualization for datasets as most datasets have the form of SPANS: meaning most data has the dimension of author, time, and geolocation together with other dimensions.

This would hopefully lead us to an easier representation of the data even on mobile devices.

One fact that is mostly neglected be existing platforms is the interaction value. Some platforms already foster the 'socializing' of the data. This is achieved by integrating existing and new social platforms and services into the open data platform. Facebook and Twitter integration is relatively easy. What is more important is something like ratings and to track the complete interaction from users with data. Reflecting the increase of value in data due to the increase of interaction means a huge gain and must be reflected / leveraged by the owners of the platform.

Finally we hope to be able to connect with the MIA project from TU Berlin [Mia 11]. This consortium is building a huge infrastructure for a marketplace. We intend to use languages like Pig-Latin to interface this infrastructure and being able to execute queries on their different hardware and databases.

A part of the source code of the project can be found at https://github.com/edlich/BBC-DaaS.

Acknowledgements

The authors would like to thank the IFAF Berlin for support and funding of this project.

References

[Geo 12] http://www.geohive.com
[Wor 12] http://data.worldbank.org
[Ber 12] http://daten.berlin.de
[Pal 11] http://paloalto.opendata.junar.com
[Sil 11] http://goo.gl/RXkhD
[Leh 10] Dirk J. Lehmann, et al.: Visualisierung und Analyse multidimensionaler Datensätze, Informatik Spektrum, Band 33, Heft 6, Dezember 2010.
[MIA 11] http://www.dima.tu-berlin.de/menue/research/current_projects/mia

List of Figures:
Fig. 1+2: The Author

Kontakt

Prof. Dr. Stefan Edlich, Sonam Singh
Beuth Hochschule für Technik Berlin
Fachbereich VI / Labor Online Learning
Luxemburger Straße 10, 13353 Berlin
E-Mail: sedlich@beuth-hochschule.de
ssonam@beuth-hochschule.de

Innovative Entwicklungen zur Kostenreduktion von urbanen Begrünungssystemen

Prof. Dr. habil. Hartmut Balder

Kurzfassung

Grünanlagen in moderner Stadtarchitektur erfordern nicht nur eine ästhetisch ansprechende Freiraumplanung, sondern künftig eine gelenkte Vegetationstechnik, ein expertengestütztes neutrales Prozesscontrolling und ein Freiflächenmanagement. Nur so können die Investitionen gesichert, die gewünschten Qualitätsziele erreicht und die Grünanlagen kostengünstig unterhalten werden. Mehrjährige vegetationstechnische Untersuchungen zur Effizienz strukturstabiler Substrate, Rhizomsperren und Unkrautvliese bei Gehölzpflanzungen zeigen nachhaltig die Möglichkeiten zur Kostenreduktion im Grünflächenmanagement bei gleichzeitiger Verbesserung der gelenkten Pflanzenentwicklung zum Schutz der urbanen Infrastruktur auf.

Abstract

Public parks in modern city-architecture necessitate not only an aesthetically appealing landscape-planning but henceforth a guided vegetation-technology, an expert-supported process-controlling and a plant-care management. This is the only way, the investments can secure, the wished quality-goals reaches and is maintained the lawns advantageously. Vegetation-technical examinations of several years to the efficiency of structure-soils, rhizome-barriers and weed-maps at grove-plantations show the possibilities to the expenses-reduction in the green area-management with simultaneous improvement of the guided plant-development to the protection of the urbane infrastructure persistently.

Einleitung

In der Produktion von Pflanzen in Gartenbau und Landwirtschaft stehen die kulturtechnische Steuerung der Wachstumsbedingungen der Pflanzen und ihre fachgerechte Pflege im Mittelpunkt, um auch unter ökonomischen Aspekten gute Erträge zu erzielen. Die weitsichtige Bodenbearbeitung, eine bedarfsgerechte Nährstoffversorgung, umweltschonende Bewässerungsstrategien sowie integrierte Pflanzenschutzkonzepte sind hier die Garanten für die gesicherte Pflanzenentwicklung.

Bei der Gestaltung privater und öffentlicher Grünanlagen hingegen wird vorrangig eine gestalterische Idee verfolgt, das Bemühen um ganzheitliche Grünkonzeptionen mit extensiven Pflegemöglichkeiten bei gleichzeitiger Kostenreduktion zur Sicherung der Investitionen ist kaum ausgeprägt.

Ein modernes nachhaltiges Grünflächenmanagement muss jedoch den zentralen Ansatz verfolgen, Gestaltung und Vegetationstechnik so aufeinander abzustimmen, dass sich essentielle Pflegeparameter wie Wildkrautkontrolle, Bewässerung, Düngung oder Steuerung der räumlichen Ausbreitung der Pflanzen zur Vermeidung von Konflikten kostengünstig gestalten. Für die moderne Stadt werden daher Konzepte benötigt, die Vegetationsbilder in Form und Farbe ermöglichen, die sich über lange Zeit problemlos unterhalten lassen und mit der Entwicklung der Vegetation, gerade auch bei Gehölzen, nicht technische Probleme u. a. an Bauwerken, Leitungstrassen, Verkehrswegen auslösen (Abb. 1).

In mehrjährigen Felduntersuchungen wurden hierzu innovative Lösungen entwickelt und in der Praxis erprobt.

Abb. 1: Harmonische und vitale Gehölzentwicklung als Wunschziel

1. Strukturstabile Substrate zur Lenkung der Wurzelentwicklung bei Baumpflanzungen

Für die erfolgreiche Etablierung eines Stadtbaumes an seinem Standort ist die Wahl eines standortangepassten Bodens bzw. Substrates von entscheidender Bedeutung. Die Verwendung von modernen strukturstabilen Baumsubstraten bietet die Möglichkeit anthropogene wachstumsbeeinträchtigende Beeinflussungen wie Trockenheit, unzureichende Bodenluft oder Nährstoffmangel urbaner Standorte zu verringern und die räumliche Ausbreitung der Wurzelsysteme gezielt in tiefere Bodenschichten zu lenken. Durch ihre strukturellen Eigenschaften sollen insbesondere Verdichtungen oder Versiegelungen im urbanen Raum in ihren negativen Folgen vermindert bzw. kompensiert werden (Balder, 1998; Urban, 2008; FLL, 2010). Jedoch fehlte es an praxisnahen Untersuchungen zur Effizienz dieser Baumsubstrate hinsichtlich ihrer Auswirkungen auf den Stadtbaum, insbesondere auf seine Wurzelentwicklung und folglich der gesamten Baumvitalität.

In einem 6-monatigen Großgefäßversuch wurde zunächst festgestellt, dass vor allem das unterirdische Wurzelwachstum von Pflanzen in Hinblick auf ihre räumliche Ausbreitung durch ein strukturstabiles Baumsubstrat im Vergleich zu einem herkömmlichen organischen Referenzsubstrat gefördert wird (Abb. 2). Als Grund hierfür wird vor allem die Fokussierung auf die bodenphysikalischen Parameter, u. a. konstanter Bodenluftgehalt und Strukturstabilität, angesehen. Die schnelle und tiefgründige Durchwurzelung des Substrates ist ausschlaggebend für den nachfolgenden Pflegeprozess: das untersuchte Baumsubstrat besitzt auf Grund seiner groben Struktur einen geringeren Anteil an Fein- und Mittelporen und kann somit weniger Wasser speichern. Hingegen ist die Evaporation im Substrat geringer als im gärtnerischen Vergleichsboden, so dass der Wassergehalt letztlich nahezu konstant im System gehalten werden kann (Parche u. a. 2011).

Diese Güteeigenschaften konnten auch in mehreren parallelen Feldversuchen unter Straßenbedingungen bestätigt werden, erfordern aber eine effektive Anpassung der Bewässerungsstrategie innerhalb der Fertigstellungs-, Entwicklungs- und Unterhaltungspflege. Diese muss vor

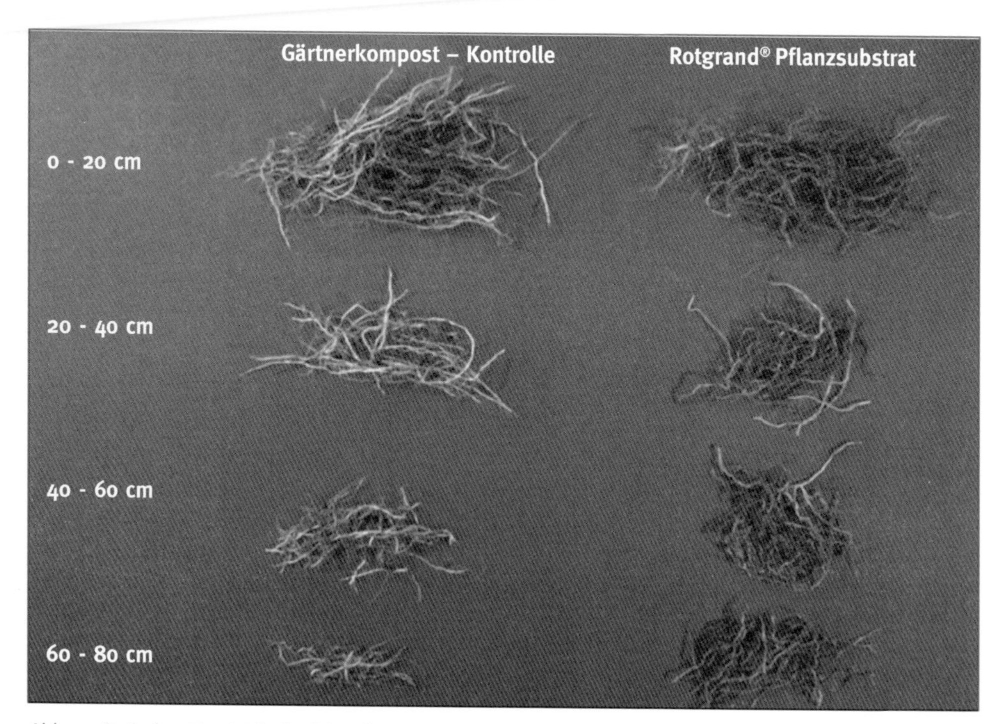

Abb. 2: Optischer Vergleich der Wurzelmassen aus dem Referenzboden und dem strukturstabilen Substrat in den jeweiligen Horizonten

allem eine verlangsamte Infiltrationsgeschwindigkeit gewährleisten, damit die Möglichkeit einer intensiveren Durchfeuchtung gegeben ist. Als Alternative kann eine mobile Tröpfchenbewässerung (Abb. 3) verwendet werden gegenüber dem praxisüblichen Gießvorgang. Sie ermöglicht ein schnelles Ausbringen des benötigten Wasservolumens bei gleichzeitig verzögerter Infiltration in das Substrat. Somit existiert keine ökonomische Diskrepanz zwischen der zu wässernden Baumanzahl und dem verzögerten Wassereintrag. Die positive Bodenfeuchtebilanz bringt deutliche Einsparungspotentiale hinsichtlich der Anzahl der Bewässerungsgänge mit.

2. Vorbeugende Maßnahmen zur Erleichterung der Pflege

In vielen Grünanlagen (u. a. Baumscheiben, Gehölzpflanzungen, Sommerblumen- und Staudenrabatten, Rasenflächen) wachsen neben der angelegten Vegetation auch unerwünschte Pflanzen. Eingeschleppt mit Erde und Substrat, im Wurzelbereich der Pflanzen (Ballen, Topf, Container) oder auch als Samen mit dem Wind herangeweht sind sie nicht nur ein ästhetisches Problem, sondern sie stehen mit den Kulturpflanzen in unmittelbarer Konkurrenz um Licht, Nährstoffe und Wasser. Lässt man sie gewähren, sind die Folgen in der Regel erheblich, z. B. durch Verlust der gepflanzten Vegetation, Vermüllung, Förderung von Pflanzenkrankheiten und Hygieneschädlingen, Schaffung von Allergiepotentialen. Industriell gefertigte Substrate werden in gärtnerischen Kulturen in ihren Güteeigenschaften definiert und sichern die Kulturen. Auch bei Baumsubstraten ist das Freisein von Schaderregern und Wildkrautsamen zur Vermeidung unerwünschter Folgewirkungen und Kosten wünschenswert. In künstlichen Unterglas-Versuchen konnte gezeigt werden, dass Unkrautsamen bei entsprechender Oberflächenfeuchtigkeit auf diesen Substraten zwar auskeimen, sich dann aber mit dem Abtrocknen der Flächen nicht dauerhaft etablieren können. Auch Wurzelunkräuter lassen sich bei diesen leicht und rückstandslos mechanisch entfernen (Land, 2011). Die empirischen Beobachtungen von urbanen

Versuchsstandorten mit derartigen Bauweisen bestätigen eindrucksvoll auch nach Jahren die völlig unkrautfreie und damit pflegeleichte Entwicklung (s. Abb. 1). Mit diesem Pflanzsystem können dadurch erhebliche Pflegekosten eingespart werden.

Als weitere vorbeugende Alternative bietet sich der vorbeugende Einbau neuartiger Unkraut-/ Mulchvliese an. Sie sind in ihren Materialeigenschaften luft- und wasserdurchlässig und bieten gleichzeitig Verdunstungsschutz, so dass die Erdfeuchtigkeit länger erhalten bleibt. Feldstudien mit den Produkten „Plantex“ und „Plantex Gold“ ergaben ein gutes Pflanzenwachstum bei guter Wildkrautkontrolle, gleichmäßiger Bodenerwärmung und geringer Bodentranspiration (Abb. 4). Ähnlich wie auch mineralische oder organische Mulchmaterialien stabilisieren sie die Standorteigenschaften und vermindern ebenfalls nachhaltig die pflegerischen Aufwendungen (Balder u. a., 2008).

Der Einbau von Unkrautvliesen ist besonders für Flächen geeignet, die künstlich gestaltet werden und in der Pflege nur schwer erreichbar sind. Hierzu zählen begrünte Mittel- und Randstreifen von Straßen, Verkehrsinseln und jegliche Form von Pflanzrabatten. Die Vliese werden durch die oberflächliche Abdeckung nicht wahrgenommen, der Gestaltung werden keine Grenzen gesetzt.

Abb. 3: Moderne mobile Tröpfchenbewässerung

Abb. 4: Unkrautvliese im Praxistest

3. Wurzelbarrieren zur Steuerung der räumlichen Ausbreitung

Mit der Etablierung von Pflanzen am zu gestaltenden Wuchsort ist bei einer Bodenkultur zwangsläufig auch die räumliche Ausbreitung der Wurzelsysteme verbunden. Handelt es sich dabei um Pflanzen mit aggressiver Wurzelentwicklung, so werden bei ungebremster Ausbreitung u. a. durch unterirdische Rhizome die geschaffenen Vegetationsbilder zerstört oder technische Schäden hervorgerufen, z. B. durch bestimmte Bambus-, Stauden- und Gehölzsortimente. Gehölze entwickeln aufgrund ihrer langen Standzeit je nach Art mit dem Alter größere Wurzelsysteme, so dass an vielen urbanen Standorten aufgrund der räumlichen Enge und der konkurrierenden Ansprüche die Probleme vorprogrammiert sind, z. B. zu unterirdischen Ver- und Entsorgungsleitungen. Neben der Wahl der geeigneten Pflanzenart für den Standort ist es daher weitsichtig, durch unterirdische Barrieren die Wurzelausbreitung gezielt zu lenken (Balder, 1998; FLL, 2010).

In Feldversuchen wurden die Materialeigenschaften von konventionellen HDPE-Platten zu modernen Geotextilien (RootBarrier®) und ihre Einsatzfähigkeit zur Kontrolle aggressiver Baumbussorten mehrjährig getestet. Die wissenschaftliche Studie ergab, dass bei einer Einbauhöhe von 10 cm über Niveau kaum noch ein Überwachsen der Sperren stattfand, ein Unterwachsen wurde bei einer Einbautiefe von 80 cm vollständig verhindert. Eine Materialermüdung oder ein Durchwachsen der Barrieren fand nach 5 Jahren bislang nicht statt.

Abb. 5: Wurzelbarrieren zur Vermeidung unkontrollierter Wurzelausbreitung bei Bambus

Es schloss sich ein erfolgreicher Praxistest zur Gestaltung des Rahmengrüns des Pandagehege im Berliner Zoo an. Hier wurde eine Bambuspflanzung aus bodendeckenden Sorten und Solitärs angelegt, eingebaute Wurzelsperren (RootBarrier®) trennen seitdem die Sortimente von einander, um die Durchmischung zu unterbinden und das gepflanzte Bild zu erhalten (Abb. 5). Auf diese Weise wurden die Pflegekosten gesenkt. Derartige Sperren bewähren sich aktuell auch in laufenden Studien zur Effektivität von unterirdischen Abgrenzungen zu ausgewiesenen Pflanzbereichen, z. B. Wurzelgräben zu technischen Einrichtungen, oder zum Schutz von Fahrbahnbelägen vor Einwuchs benachbarter Gehölzpflanzungen.

Fazit

Die Beispiele zeigen, dass die Einbindung innovativer Vegetationstechniken schon bei der Konzeption von Grünanlagen geeignet sind, die Pflanzen in ihrer Entwicklung gezielt zu steuern, unerwünschtes Wachstum von Wildkräutern oder unterirdischen Rhizomen zu verhindern und die Wasserversorgung der Pflanzungen kostengünstig zu gestalten. Derartige ganzheitliche Konzeptionen sichern die Gestaltungsentwürfe und senken die Pflegekosten.

Literatur

Bal 98 Balder, H., 1998: Die Wurzeln der Stadtbäume. Parey Buchverlag

Bal 08 Balder, H.; Haas, M. und Sasse, W. (2008): Integrierte Pflegekonzepte von Grünanlagen in zoologischen Gärten
In: Thümer, R. und Görlitz, G.: Entwicklung einer modularen IT-gestützten Service-Infrastruktur für öffentliche Räume (BAER-Projekt, wissenschaftlicher Abschlussbericht)

Fll 10 FLL, 2010: Empfehlungen für Baumpflanzungen, Teil 2: Standortvorbereitungen für Neupflanzungen; Pflanzgruben und Wurzelraumerweiterung, Bauweisen und Substrate

Par 11 Parche, H. und Balder, H., 2011: Untersuchungen zur Optimierung von urbanen Standortbedingungen durch moderne Baumsubstrate. DGG-Proceedings Vol. 1, No. 1017

Urb 08 Urban, James, 2008: Up by Roots. International Society of Arboriculture. Champaign, Illinois, U.S.

Kontakt

Prof. Dr. habil. Hartmut Balder

Beuth Hochschule für Technik Berlin
FB V Gartenbau / Urbanes Pflanzen- und Freiraum-Management
Luxemburger Str. 10, 13353 Berlin

E-Mail: balder@beuth-hochschule.de

Verbundprojekt CityDoctor – Entwicklung von Methoden und Metriken zum Qualitätsmanagement virtueller Stadtmodelle

Mark Wewetzer, M.Sc.[1]; Julius von Falkenhausen, B.Sc.[1]; Detlev Wagner, M.Sc.[2], Nazmul Alam, M.Sc.[2]; Prof. Dr. Margitta Pries[1]; Prof Dr.-Ing. Volker Coors[2]; Prof. Dr.-Ing. Jörg W. Fischer[3]

Forschungsschwerpunkte: Mathematik / Geoinformatik

1 Beuth Hochschule für Technik Berlin; 2 Hochschule für Technik Stuttgart; 3 Hochschule Hamm-Lippstadt

Kurzfassung

Mangelnde Datenqualität verursacht in verschiedenen Anwendungsbereichen oft kosten- und zeitintensive manuelle Nacharbeiten. Dies gilt für Prozesse, die CAD-Modelle verwenden, seit längerem und bedingt durch die Zunahme der Anwendungsgebiete für virtuelle Stadtmodelle ebenfalls. Das Projekt „CityDoctor“ ist eine interdisziplinäre Zusammenarbeit zwischen der Beuth Hochschule für Technik Berlin und der Hochschule für Technik (HFT) Stuttgart mit dem Ziel, die Datenqualität für CAD- und Stadtmodelle zu verbessern.

Abstract

Insufficient data quality is the cause for costly and time-consuming manual reworking. This is well known for processes where CAD models are employed. An increase in the number of application fields for virtual city models leads to similar problems. The Universities of Applied Sciences of Berlin and Stuttgart are cooperating in the interdisciplinary research project “CityDoctor“, with focus on enhancing the data quality of CAD- and city models.

Einleitung

Die Anwendungsgebiete von virtuellen Stadtmodellen sind in den vergangenen Jahren stetig gewachsen. So werden großflächige 3D-Stadtmodelle nicht nur für die reine Visualisierung genutzt, sondern u.a. für die Navigation und Solarpotentialanalyse. Die Datenqualität spielt eine immer wichtigere Rolle, da die Anwendungen zunehmend höhere Anforderungen an die Modelle stellen. Neben semantischen, topologischen und visuellen Aspekten ist die Korrektheit der Geometrie ein wichtiger Faktor. Erschwerend kommt hinzu, dass aufgrund verschiedener Richtlinien und Standards für die Anwendungsgebiete ein allgemeiner Begriff für die Datenqualität schwer bis gar nicht zu definieren ist. Weiterhin erlaubt das etablierte Standardformat für 3D Stadtmodelle CityGML verschiedene alternative Modellierungsmethoden, was einen Validierungsprozess aufgrund der Variantenvielfalt erschwert. Die von [GrPl09] und [GrCo10] entwickelten Axiome bzw. Einschränkungen für das Format haben das Ziel, die geometrisch-topologische Konsistenz von 3D Modellen zu verbessern. [LeMe11], [BGL11] und [W_ea12] stellen Methoden vor, die auf Basis der Einschränkungen Prüfungen durchführen und bereits erste Reparaturmöglichkeiten umsetzen. Diese erstecken sich über topologische, geometrische und semantische Validität. Trotz der Vorteile valider Daten sind sie nicht weit verbreitet [vO05].

Im Rahmen des Verbundprojektes CityDoctor arbeiten die Beuth Hochschule und die HFT Stuttgart zusammen mit dem Ziel, einen gemeinsamen Prüf- und Heilkern zur Validierung und Reparatur von CAD- und Stadtmodellen zu entwickeln. Im Bereich der 3D-Stadtmodelle steht die Entwicklung am Anfang in Bezug auf das Thema Datenqualität. Sie soll dabei an den Erfahrungen der Beuth Hochschule im Bereich des CAD partizipieren, da hier bereits seit längerem die Qualität von Daten im Fokus steht [Pri07]. Hierzu erarbeitete z. B. der VDA Arbeitskreis „CAD/CAM“ die Empfehlung 4955 „Umfang und Qualität von CAD/CAM-Daten“ [VDA06] mit dem Ziel der Festlegung von grundlegenden gemeinsamen Anforderungen an die Qualität, den Umfang und die Prüfung von CAD-Daten. Die Empfehlung bildet den Kern der sogenannten SASIG-Norm [SAS05], die mittlerweile auch als ISO/PAS erhältlich ist und eine Reihe von topologischen, geometrischen und organisatorischen Datenfehlern auflistet sowie Lösungsvorschläge bereitstellt. Auf ihnen basieren verschiedene Prüfprogramme, die in der Regel in die entsprechenden CAD-Systeme integriert sind, wobei sich deren Einsatz in erster Linie auf organisatorische Kriterien wie Namensgebung etc. bezieht. Ähnliche Bestrebungen hinsichtlich der SASIG-Norm im Bereich der Stadtmodelle gibt es bei der AG Qualität der SIG3D, die an der Erstellung von Modellierungsempfehlungen arbeitet [SIG12]. Dort fließen die Erfahrungen aus dem Projekt durch Mitarbeit der HFT Stuttgart mit ein.

Motivation

Ein Stadtmodell besteht in der Regel aus mehreren einzelnen Gebäuden. Anders als im Bereich des CAD liegen diese bisher praktisch immer nur in polygonaler Form vor, d. h. aus einer Ansammlung von n-seitigen Polygonen im Raum. Aufgrund der Vielzahl von Gebäuden werden die Modelle größtenteils automatisiert aus luftgestützten Laserscandaten generiert. So umfasst zum Beispiel allein das virtuelle Stadtmodell von Berlin über 500 000 Gebäude, von denen die wenigsten per Hand erzeugt wurden. Letzteres trifft häufig nur auf Sehenswürdigkeiten zu. Sowohl bei der automatisierten (z. B. durch Messfehler oder Fehlinterpretationen des Algorithmus) als auch bei der manuellen Erzeugung (z. B. durch Programmfehler oder unterschiedliche Standards, vgl. dazu die Ausführungen in der Einleitung) können vielfältige Fehler entstehen. Im Bereich des CAD sind die Modelle, die geometrischen Formen, die Bearbeitungsoperatoren und die dazu notwendigen Datenstrukturen bei weitem komplexer, so dass Fehler bei der Erstellung oder bei der Konvertierung in andere Datenformate entstehen können. Bei der Fülle der Gebäude in Stadtmodellen und der Komplexität von CAD-Modellen ist eine rechnerunterstützte Prüfung unabdingbar. Hinzu kommt, dass je nach Anwendung die Anforderungen an die Datenqualität unterschiedlich sind. Auch Heilverfahren hängen sehr stark von dem Kontext der Verwendung der Daten ab. Weiterhin sind nicht alle Fehler rein visuell erfassbar. So können z. B. Löcher in einem Gebäude oder einem CAD-Modell so klein sein, dass diese aufgrund der beschränkten Auflösung der Monitore nicht sichtbar sind. Führt man mit diesen Daten z. B. eine Strömungssimulation durch, so erhält man falsche Ergebnisse, da die Modelle nicht „dicht" sind. Beispielhaft sind einige Fehler im nachfolgenden Abschnitt dargestellt.

Beispiele für Fehler

Ein anschauliches Beispiel für einen Fehler ist das falsch orientierte und markierte Polygon in Abbildung 1. Ein weiteres Beispiel ist die nicht bündige Dach- und Turmfläche in Abbildung 2, bei denen der Spalt zwischen beiden grün umrandet ist. Solch ein Spalt kann durch einen Modellierungsfehler verursacht worden sein. Zum Beispiel indem der Kirchturm und das Dach als eigenständige Körper konstruiert wurden und im Anschluss nicht vereinigt worden sind.

Abb. 1: Falsch orientierte Dachfläche des Kirchturms; Quelle: Berlin Partner GmbH, LandXplorer

Abb. 2: Vergrößerung der Turmspitze, die Polygone sind nicht bündig zueinander; Quelle: Berlin Partner GmbH, LandXplorer

Als Beispiel für den CAD-Bereich wird ein digitales Modell eines Porsche Spiders herangezogen, der in Abbildung 3 keine offensichtlichen Fehler aufweist. Doch bereits ein Blick unter das Auto offenbart, dass z. B. die Sitze den Unterboden durchstoßen (Abbildung 4).

Abb. 3: CAD-Modell eines Porsches

Abb. 4: Die Sitze des Autos durchstoßen den Unterboden

Weitere anschauliche Beispiele, die jedoch nicht im Fokus des Projektes stehen, sind z. B. im Boden versinkende Gebäude oder ungewollte Objekte auf Texturen. Letztere entstehen u. a. dadurch, dass oft Texturen für Gebäude aus Photographien abgeleitet werden, die von einem Flugzeug aus aufgenommen wurden (Abbildung 5 und Abbildung 6).

Abb. 5: Der Berliner Hauptbahnhof versinkt im Boden; Quelle: Google Earth und Berlin Partner GmbH

Abb. 6: Ein Baukran erstreckt sich ungewollt über mehrere Texturen; Quelle: Google Earth

Validierung von 3D Stadtmodellen

Geprüfte Fehlerarten

Im Rahmen des Projektes wurden verschiedene Validierungsregeln erarbeitet und mathematisch fixiert. Die zum Teil von einander abhängigen Prüfungen wurden in drei Kategorien unterteilt:

- Polygon-Prüfungen
- Solid-Prüfungen
- Semantik-Prüfungen

Polygon-Prüfungen beziehen sich direkt auf ein Polygon, wie z. B. die Anzahl der Eckpunkte oder die Planarität. Solid-Prüfungen beziehen sich auf ein Gebäude als geschlossener Festkörper und betrachten mehrere Polygone. So wird geprüft, ob ein Gebäude aus zusammenhängenden Polygonen besteht (in Abbildung 2 ist dies nicht der Fall). Bei semantischen Prüfungen werden Metadaten ausgewertet. Beispielsweise sollte die Höhe eines Gebäudes mit der Anzahl der Stockwerke in einem realistischen Zusammenhang stehen. Gegenseitige Abhängigkeiten bestehen z. B. zwischen Polygon- und Solid-Prüfungen, da für letztere vorausgesetzt wird, dass

die einzelnen Polygone für sich valide sind. Darüber hinaus bestehen jedoch auch Abhängigkeiten innerhalb der einzelnen Kategorien. So ergibt es beispielsweise keinen Sinn, die Planarität eines Polygons mit nur zwei Eckpunkten zu prüfen. Alle verfügbaren Prüfungen sind in der nachfolgenden Tabelle aufgeführt. Eine ausführliche Beschreibung der einzelnen Prüfungen findet sich in [GrCo10] und [W_ea12].

Polygon-Prüfungen	Solid-Prüfungen	Semantik-Prüfungen
Anzahl der Punkte	Anzahl der Polygone	Dachfläche
Geschlossenheit	Selbstverschneidung	Wandfläche
Selbstverschneidung	Polygone pro Kante	Fundament
Planarität I	Konsistente Flächenorientierung	#Stockwerke / Höhe
Planarität II	Nach außen gerichtete Flächen	LoD1 Gebäude als Solid
Planarität III	Umbrella	LoD1 aus Gebäudeteilen I
Planarität IV	Verbundene Komponenten	LoD1 aus Gebäudeteilen II
		LoD1 aus Gebäudeteilen III

CityDoctor-Validation-Tool

Zur Prüfung von Stadtmodellen wurde im Rahmen des Projektes das CityDoctor-Validation-Tool entwickelt, welches die im vorangegangenen Abschnitt aufgelisteten Prüfungen implementiert. Die Software bietet die Möglichkeit, Modelle, die mehrere Gebäude umfassen, komplett und vollautomatisiert zu prüfen. Die einzelnen Prüfungen können dazu in beliebiger Kombination an bzw. ausgeschaltet sowie die Prüfparameter frei gewählt werden. Während die Polygonprüfungen und einfachere Solidchecks unter JAVA implementiert wurden, sind komplexere in eine C++ Bibliothek ausgelagert, um eine weitere Nutzung für CAD-Modelle zu ermöglichen. Wurden bei der Validierung eines Gebäudes Fehler festgestellt, so können diese im Anschluss gezielt ausgewählt und visualisiert werden. Abbildung 7 zeigt einen im Prüfprogramm kenntlich gemachten Solid-Selbstverschneidungsfehler (Pfeil) an der Ecke des Gebäudes.

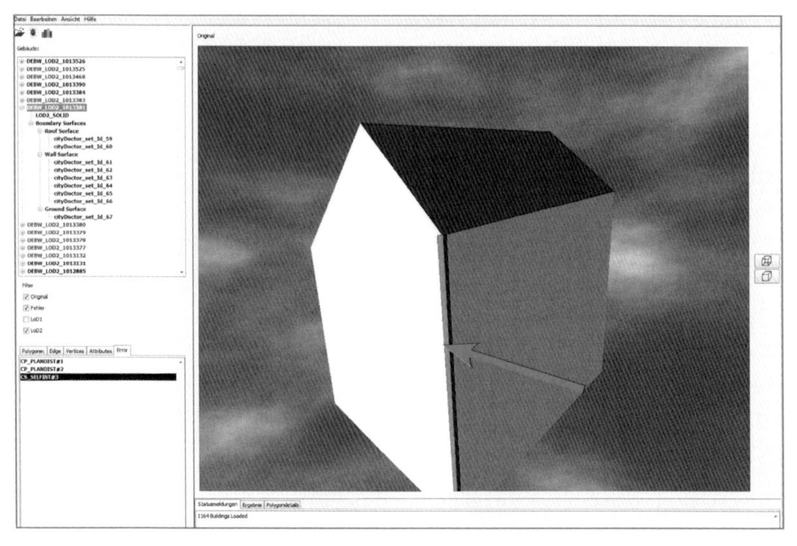

Abb. 7: Das CityDoctor-Validation-Tool, inkl. eines angezeigten Solid-Selbstverschneidungsfehler

Fehlerprotokoll

Neben der Prüfung und Heilung liegt ein weiterer Schwerpunkt im Projekt auf der Protokollierung der gefundenen Fehler. Neben der Auflistung, welche Inkonsistenzen in einem Stadtmodell vorhanden sind, enthält der Bericht zusätzlich Informationen über die durchgeführten Prüfungen inkl. der verwendeten Parameter. Somit erhält man ein Gütesiegel, das belegt, ob ein Modell einen definierten Standard erfüllt. Dies ist für Erzeuger und Abnehmer von Stadtmodellen von gleichem Interesse. Erzeuger können die Qualität ihrer Daten belegen und Abnehmer Vorschriften bezüglich der Modellierung festlegen, die einfach geprüft werden können. Durch kontinuierliche Prüfungen lässt sich ebenfalls leicht zurückverfolgen, an welcher Stelle in der Prozesskette Fehler in das Modell gelangt sind. So kann z. B. überprüft werden, ob die Daten bereits bei der Erstellung Inkonsistenzen aufweisen, oder dies durch Weiterverarbeitungsschritte verursacht wurde. Ebenfalls im Prüfbericht enthalten ist eine Prüfsumme die sich aus den Hashwerten von Prüfbericht sowie dem dazugehörigen Stadtmodell zusammensetzt. Außerdem wird der Bericht durch ein Zertifikat signiert. Dies verhindert die Manipulation und den Austausch des Prüfberichtes. Weiterhin können die Protokolle wie bereits im CAD-Umfeld üblich für statistische Auswertungen herangezogen werden, was für das Qualitätsmanagement sehr wichtig ist. Der Prüfbericht dient schließlich als Informationsgrundlage zur Fehlerbehebung und bildet damit die Schnittstelle zur Heilung des Modells.

Heilung von Fehlern

Während die Überprüfung von Modellen meist vollautomatisch geschieht, ist dies bei der Heilung in der Regel nicht der Fall. Dies liegt vor allem an der höheren Komplexität, der stellenweisen Uneindeutigkeit einer korrekten Lösung sowie am Designwillen des Modellierers, der nicht zerstört werden sollte. Daher wird die Heilung semi-automatisch durchgeführt und die Entscheidungshoheit liegt in der Hand des Bearbeiters. Weiterhin können durch die Reparatur neue Fehler entstehen, weshalb stets eine erneute Fehlerprüfung nach einer Reparatur unabdingbar ist. Die Problematik von neuen Fehlern wird am Beispiel des Kirchturm aus Abbildung 1 klar. Das Dach des Turms hat keine Verbindung zum Rest der Kirche. Eine gültige Reparatur wäre die Verbindung des Daches mit dem Turm. Wird dies getan, so ist jedoch das Gebäude keine 2-Mannigfaltigkeit mehr, da an einer Kante das Dach, die Wand des Turms sowie der vorhandene Dachboden zusammenstoßen.

Manche lokalen Fehler können zudem nur global behandelt werden. Dies trifft auf die Planarität zu, die für jedes Polygon einzeln geprüft wird. Zur Reparatur des Fehlers könnte man z. B. die Eckpunkte des Polygons auf eine vorher berechnete Ausgleichsebene projizieren, so dass alle Punkte in derselben Ebene liegen. Durch das Verschieben eines Eckpunktes eines Polygons verändert man jedoch die angrenzenden Polygone ebenfalls, da diese sich die Eckpunkte teilen. Somit wird dieses Problem global. Das Aufheben dieses Zusammenhangs ist ebenfalls keine gangbare Lösung, da dann Löcher oder Flächenverschneidungen entstehen können. Ein Ansatz zur Lösung dieses Problems ist z. B. die Einbeziehung der speziellen Eigenschaften eines Gebäudes. So stehen z. B. die Wände auf dem Fundament in vielen Fällen senkrecht und die meisten Wände stehen im rechten Winkel zueinander.

Ergebnisse und Ausblick

Das vorab beschriebene CityDoctor-Validation-Tool steht bereits für die Projektpartner zur Erprobung bereit. Weiterhin existieren Plug-ins für drei kommerzielle Programme aus dem Bereich der virtuellen Stadtmodelle, die diese um die beschriebenen Prüfroutinen erweitern. Die Prüfung einer Reihe von virtuellen Stadtmodellen aus den Datenbeständen von Kommunen zeigt, dass es so gut wie keine fehlerfreien Modelle gibt, was aus untenstehender Tabelle, die ausgesuchte Fehler auflistet, ersichtlich wird.

Datensatz	A	B	C	D
Anzahl Gebäude	61	61	551	1.922
Anzahl der Polygone	0	4.445	133	0
Doppelte Punkte	0	0	46	0
Polygon-Selbstverschneidung	0	0	60	0
Planarität I	0	0	0	177
Planarität II	0	0	0	191
Planarität III	0	0	45	269
Solid-Selbstverschneidung	22	-	647	4.575
Zwei Polygone pro Kante	46	15.484	6.470	467

Der Datensatz B zeigt anschaulich, welche Auswirkungen unterschiedliche Modellierungsrichtlinien haben können. Der Fehler „Anzahl an Polygonen" besagt, dass ein Solid weniger als vier Polygone besitzt, also keinen drei dimensionalen Körper beschreibt. Weiterhin werden viele Kanten gemeldet, die nur an ein oder kein Polygon grenzen. Eine genauere Untersuchung des Modells fördert zu Tage, dass Gebäudeinstallationen wie z. B. Balkone oder Markisen nur mit einem Polygon modelliert wurden. Da Gebäudeinstallationen im Prüftool als Solid behandelt werden, resultieren die Fehler in diesem Fall aus der Modellierung.

Abhilfe soll das Modellierungshandbuch der AG Qualität der SIG3D schaffen, das bereits eingangs erwähnt wurde und im Rahmen des Klima-Stadtentwicklungs-Konzeptes der Stadt Ludwigsburg Anwendung bei der Erstellung eines neueren Modelles findet. Es wird erwartet, dass die Anzahl modellierungsbedingter Fehler drastisch sinkt, was anhand der Validierungsregeln des CityDoctor-Tools überprüft werden kann.

Der Schwerpunkt der Projektarbeit liegt im letzten Drittel der Projektlaufzeit auf dem Entwurf und der Implementierung eines Heilungsmoduls unter C++, das in die Prüfsoftware eingebunden werden kann. Weiterhin ist die Implementierung eines Plug-ins für das CAD-Programm CATIA V5 vorgesehen, um Prüfungen und Heilmethoden auch für CAD-Modelle zugänglich zu machen.

Förderung

Das Verbundprojekt CityDoctor wird durch das Bundesministerium für Bildung und Forschung gefördert und vom Projektträger Jülich | Forschungszentrum Jülich GmbH betreut.

Literaturverzeichnis

[GrPl09] G. Gröger and L. Plümer, "How to achieve consistency for 3D city models," GeoInformatica, pp. 137-165, 2009.

[SIG12] SIG-3D Quality Working Group. (2012) Modellierungshandbuch Gebäude. [Online]. http://www.sig3d.de/index.php?catid=2&themaid=8777960

[GrCo10] G. Gröger and V. Coors. (2010) Rules for Validating GML geometries in CityGML. [Online]. http://files.sig3d.de/file/20101215_Regeln_GML_final_DE.pdf

[LeMe11] H. Ledoux and M. Meijers, "Topologically consistent 3D city models obtained by extrusion," International Journal of Geographical Information Science, pp. 557-574, 2011.

[BGL11] P. Boguslawski, C. Gold, and H. Ledoux, "Modelling and analysing 3D buildings with a primal/dual data structure," ISPRS Journal of Photogrammetry and Remote Sensing, pp. 188-197, 2011.

[W_ea12] D. Wagner, et al., "Geometric-Semantical Consistency Validation of CityGML Models," in Progress and New Trends in 3D Geoinformation Sciences, 2012.

[vO05] P. van Oort, "Spatial data qualtiy: from description to application," in Optima Grafische Communicatie, 2005.

[Pri07] M. Pries, "Datenqualität in der Virtuellen Produktentwicklung," in Geometrisches Modellieren, Visualisieren und Bildverarbeitung, 2007.

[VDA06] VDA, "VDA-Empfehlung 4955 V4.1 "Umfang und Qualität von CAD/CAM-Daten", 2006. [Online]. http://ww3.cad.de/foren/ubb/uploads/Meinolf+Droste/VDA-4955V41-061211%5B1%5D.pdf

[SAS05] SASIG, "Product Data Qualit Guideline," 2005.

Kontakt

Prof. Dr. Margitta Pries

Beuth Hochschule für Technik Berlin
Fachbereich II / Mathematik – Physik – Chemie
Luxemburger Straße 10, 13353 Berlin

Tel: (030) 4504-2990
E-Mail: pries@beuth-hochschule.de

Mark Wewetzer, M. Sc.

Beuth Hochschule für Technik Berlin
Fachbereich II / Mathematik – Physik – Chemie
Luxemburger Straße 10, 13353 Berlin

Tel: (030) 4504-2246
E-Mail: mark.wewetzer@beuth-hochschule.de

Ein Verfahren zur Erzeugung vierseitiger ClassA-Füllflächen

Prof. Dr. Ute Wagner
Forschungsscherpunkte: Mathematik / CAD

Kurzfassung

Es wird eine Methode zur Berechnung einer B-Spline-Fläche zum Füllen eines vierseitig berandeten Lochs beschrieben. Speziell beim Füllen von Verrundungs- oder Übergangsflächen entstehen dabei Flächen eines hohen Glattheitsgrades, die den Anforderungen der ClassA-Modellierung genügen.

Abstract

A method creating a B-Spline surface for filling a four sided hole is presented. Especially in case of filling blending surfaces, high order smooth surfaces fulfilling the requirements of ClassA modeling are generated.

Einleitung

Der Begriff „ClassA-Fläche" wurde in der Automobilindustrie für die von außen sichtbaren Bereiche der Karosserie und das Interieur geprägt und bezeichnet im Allgemeinen die für den Benutzer eines Produkts sichtbaren Teile der Produktoberfläche. Bei der virtuellen Produktentwicklung kommt es darauf an, diese Flächen nach ästhetischen Gesichtspunkten zu modellieren, insbesondere glänzende Oberflächen derart zu gestalten, dass sie „gut gestrakt" – d. h. sehr glatt, nicht wellig – sind. Spezialisierte CAD-Systeme (z. B. ICEM Surf, Alias, Rhinoceros3D, CATIA-ISD, ...), die in Büros für technisches Design, in den Strak-Abteilungen der Automobilindustrie, zunehmend aber auch bei der Erstellung von Gebäuden und anderen architektonischen Konstruktionen (siehe Abbildung 1) eingesetzt werden, unterstützen den Entwurf von Freiformflächen in ClassA-Qualität: Mittels der bereitgestellten Modellierfunktionen können zunächst relativ einfache Flächenstücke erzeugt und diese an ihren Rändern zu komplizierteren Formen zusammengesetzt werden, wobei innerhalb der Flächen eine gewisse Glattheit gefordert wird. Zur Beurteilung der Güte der erzeugten Fläche stehen dynamische Diagnosefunktionen, z. B. zur Visualisierung von Spiegelbildern simulierter stabförmiger Lichtquellen auf der Fläche – sogenannter Reflexionslinien (siehe Abbildung 2) – zur Verfügung.

Obwohl die in den oben genannten Freiformmodelliersystemen implementierten Algorithmen den Bedürfnissen der ClassA-Flächenerzeugung angepasst sind, genügen die generierten Flächen nicht immer den gesetzten Glattheitsansprüchen, so dass manche Flächenformen mit sehr hohem Aufwand in vielfach durchlaufenen, interaktiven Modifikationszyklen erstellt werden müssen. Um solche Fälle handelt es sich bei Flächenkonstellationen, wie sie in Abbildung 3 zu sehen sind: zwei Verrundungs- oder Übergangsflächen (blending surfaces) sollen „um eine Ecke herum" ineinander überführt werden, wobei ein vierseitiges Loch mit einem Flächenstück, das an allen vier Rändern glatt an die umgebenden Flächen anschließt, zu füllen ist.

In dieser Arbeit wird ein Verfahren zur automatischen Erzeugung solcher speziellen Füllflächen, deren Form und Qualität den Erwartungen an ClassA gerecht wird, vorgestellt.

Abb. 1

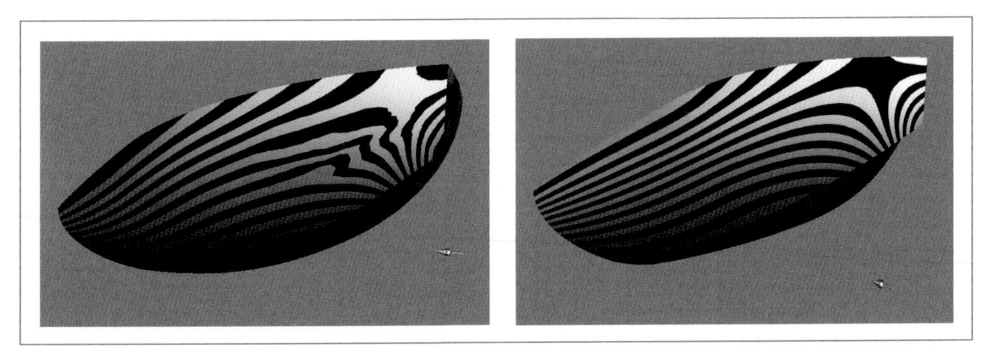

Abb. 2: Fläche mit inakzeptablem Reflexionslinienverlauf (links) und korrigierte Flächenform in ClassA-Qualität (rechts)

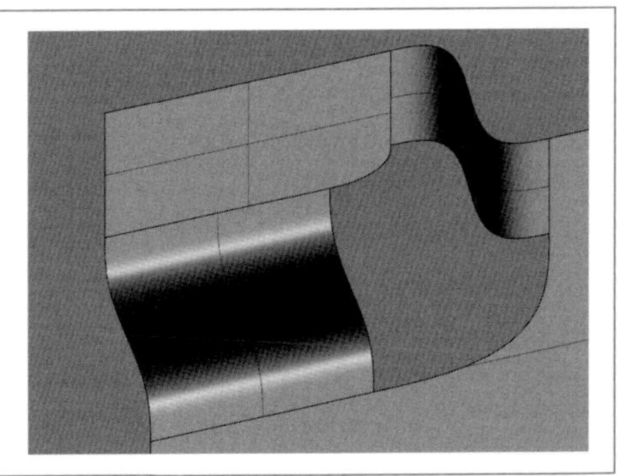

Abb. 3

Mathematische Grundlagen

Bei der Modellierung von Freiformflächen werden fast ausschließlich B-Spline-Repräsentationen verwendet. Dabei wird ein Flächenstück durch eine Tensorprodukt-Fläche

$$X(u,v) = \sum_{i=0}^{p} \sum_{j=0}^{q} d_{ij} N_{ik}(u) N_{jl}(v) \qquad (*)$$

beschrieben, wobei die Mischungspolynome als B-Spline-Funktionen eines Grades k bzw. l zu einem jeweils zugehörigen Knotenvektor in u- und v-Parameterrichtung definiert sind und die Koeffizienten $d_{ij} \in \mathbb{R}^m$ als Punkte eines m-dimensionalen euklidischen oder projektiven Raumes interpretiert werden können. Diese Punkte d_{ij} im euklidischen Fall bzw. deren Projektionen in den $(m-1)$-dimensionalen Anschauungsraum bei der Verwendung homogener Koordinaten im projektiven Fall werden als deBoor-Punkte oder allgemein als Steuerpunkte (control points) bezeichnet. Im projektiven Fall werden auch die Punkte der Fläche durch Projektion erhalten, als zusätzliche Designparameter fungieren Gewichte – diese Darstellungen sind unter der Bezeichnung NURBS geläufig (siehe z. B. [HoLa 92], [PBP 02]).

Da beim stückweisen Entwurf die Flächendarstellungen (*) über einem abgeschlossenen Bereich betrachtet werden, ist zur Beschreibung eines Flächenstücks neben (*) die Festlegung von Begrenzungskurven erforderlich. Dies kann durch Angabe einer Menge von Flächenkurven in der Form

$$x_i(t) = X(u_i(t), v_i(t)) \qquad t \in [t_{ia}, t_{ie}] \quad i = 0, \ldots, n$$

geschehen.[1] Dabei erfolgt die Beschreibung der Kurven (u_i, v_i) in der Parameterebene wiederum als ganz- oder gebrochen-rationale B-Spline-Darstellungen. Beim Einsetzen dieser Darstellungen in (*) entstehen B-Spline-Kurven eines unhandlich großen Polynomgrades. Aus diesem Grund werden meist Näherungskurven, die möglichst den Anforderungen nach hoher Glattheit und geringer Welligkeit entsprechen, zusätzlich zu den exakten Beschreibungen der Flächenränder mit abgespeichert. Der einfachste Fall der Begrenzung eines Flächenstücks ist durch die „natürliche Berandung" bei der Einschränkung des Parametergebiets auf einen rechteckigen Bereich $(u,v) \in [u_a, u_e] \times [v_a, v_e]$ gegeben. Da ein vierseitiges Loch mit einem solchen natürlich berandeten Flächenstück geschlossen werden kann, kann man diesen Ansatz für die Füllfläche wählen.

Zur mathematischen Modellierung des Begriffs der Glattheit einer Fläche wird das Konzept der geometrischen Stetigkeit (G^r-Stetigkeit) verwendet [HoLa 92]. Es bedeutet G^1 in einem Flächenpunkt: Stetigkeit der Tangentialebene in diesem Punkt, G^2: Krümmungsstetigkeit aller Flächenkurven, die durch diesen Punkt verlaufen. Aus den Bedingungen für die G^r-Stetigkeit zweier Flächen entlang einer gemeinsamen Flächenkurve sind in [GePo 96] die G^r-Berührstreifen als Hilfsmittel zur Konstruktion geometrisch stetiger Flächenübergänge, u. a. bei blending surfaces, entwickelt worden. Solche Streifen dienen auch in der vorliegenden Arbeit zur Herstellung der G^1- bzw. G^2-Übergänge zwischen den Umgebungsflächen des Lochs und der Füllfläche.

1 *Um sicherzustellen, dass diese Kurven tatsächlich einen abgeschlossenen Bereich einschließen, sind topologische Zusammenhänge zu formulieren. Diese sollen hier außer Acht gelassen werden.*

Motivation des Verfahrens

Da Konstruktionen mit strengen Genauigkeitsvorgaben den Großteil der CAD-Anwendungen ausmachen, werden in der Literatur zwar eine Reihe von blending-Methoden, die glatte Flächen erzeugen und diesen konstruktiven Restriktionen genügen, vorgestellt[2], es wird dabei aber nicht auf die Steuerpunktverteilung der letztlich – meist, wie auch hier, in einem Approximationsverfahren – zu erzeugenden B-Spline-Flächen eingegangen. Gewisse Kriterien für die Lage der Steuerpunkte und die Form der aus diesen Punkten gebildeten Polygone und Netze (für Kurven siehe etwa [Far 06]) sind jedoch hinreichende Merkmale für eine ClassA-Qualität der Fläche und werden im interaktiven Designprozess bei der visuellen Kontrolle beachtet.

Verrundungsfunktionen von Konstruktionssystemen, die bei der Modellierung auf die Einhaltung vorgegebener Normkurven mit hoher Genauigkeit achten, liefern in der Regel keine Ergebnisse in ClassA-Qualität. Bessere Lösungen bieten verschiedene Füllfunktionen der auf Freiformmodellierung spezialisierten CAD-Systeme, sie erzeugen jedoch im Allgemeinen nicht automatisch das gewünschte Reflexionslinienbild [Bau 09]. Der Grund ist die Allgemeinheit des Ansatzes für diese Füllflächen. In den hier betrachteten speziellen Fällen, wie sie beispielhaft in Abbildung 3 dargestellt sind, erwartet man, dass die Form der Fläche ungefähr wie bei einer Profilfläche entsteht: Ein Randprofil wird starr mit einer entlang einer Kurve verschobenen und eventuell gedrehten Ebene verbunden im Raum bewegt und dabei nur geringfügig deformiert, so dass das Profil in ein gegenüberliegendes Randprofil übergeht. Anders als bei einer gewöhnlichen Profilfläche sind hier jedoch die geometrischen Anschlussbedingungen entlang aller Ränder einzuhalten. Diesem Entstehungsprinzip trägt der nachfolgend beschriebene Ansatz Rechnung.

Ansatz der Füllfläche

Seien die vier Randkurven des zu füllenden Lochs mit $s_i(t)\,(i = 0,1,2,3)$ bezeichnet und gemäß Abbildung 4 angeordnet und orientiert.

Es wird davon ausgegangen, dass $s_i(t)$ die in einer B-Spline-Darstellung gegeben sind:

$$s_i(t) = \sum_{j=0}^{p_i} d_{ij} N_{jk_i}(t)$$

wobei diese Kurven derart umparametrisiert wurden, dass jeweils $t \in [0,1]$ ist. Es haben zudem s_0 und s_2 sowie s_1 und s_3 jeweils den gleichen Knotenvektor und den gleichen Polynomgrad $(k_i = k_{i+2}, p_i = p_{i+2}, i = 0,1)$.

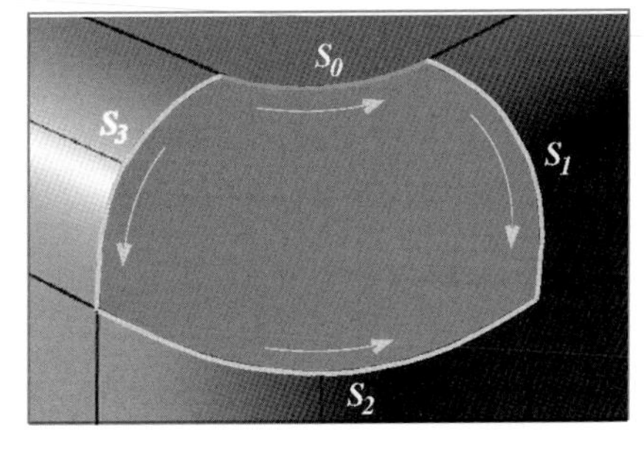

Abb. 4

Zuerst wird nach dem in [GePo 96] angegebenen Prinzip zu jeder Randkurve s_i ein G^r-Berührstreifen $S_i(t,w),\ w \in [0,1]$ mit $S_i(t) = S_i(t,0)$ zu der umgebenden Fläche, auf der die Kurve s_i liegt, konstruiert.

Die Füllfläche wird angesetzt als

$$X(u,v) = \tfrac{1}{2}\,(Y_0(u,v) + Y_1(u,v) + C(u,v)) \qquad (u,v) \in [0,1] \times [0,1] \qquad (^{**})$$

Darin ist $Y_0(u,v)$ eine Fläche, die das Profil s_3 entlang der Kurve s_0 in das Profil s_1 überführt und dabei gleichzeitig die Profilkurve am Anfang und Ende so anpasst, dass Y_0 die Streifen

2 für einen Überblick siehe z.B. [HoLa 92], neuere Ansätze mit Unterteilungsflächen werden u.a. in [Gro 04] aufgeführt.

S_0 und S_2 verbindet. Entsprechend ist $Y_1(u,v)$ eine die Streifen S_1 und S_3 verbindende Übergangsfläche, die das Profil s_0 entlang der Kurve s_3 zum Profil s_2 verformt.

$C(u,v)$ ist ein Korrekturterm, der dafür sorgt, dass $X(u,v)$ in jedem Punkt der Kurven s_0 und s_2 die gleichen partiellen Ableitungen nach u und v bis zur Ordnung r wie $Y_0(u,v)$ und in jedem Punkt der Kurven s_1 und s_2 die gleichen partiellen Ableitungen nach u und v bis zur Ordnung r wie $Y_1(u,v)$ besitzt.

Zur Approximation von $Y_0(u,v)$, $Y_1(u,v)$ und schließlich von $X(u,v)$ (durch Anwendung der Methode der kleinsten Fehlerquadrate, [HoLa 92]) erhält man schließlich eine B-Spline-Fläche der Form (*).

Details des Verfahrens zur Berechnung der Füllfläche

Es sei im Weiteren das Verfahren für $r = 1$ beschrieben, für größere r kann unter Einbeziehung höherer Ableitungen analog vorgegangen werden.

Bei der Konstruktion der G^1-Berührstreifen $S_i(t,w)$ $(i=0,1,2,3)$ werden die Übergangsparameter (siehe [GePo 96]) so festgelegt, dass $\frac{\partial}{\partial w}S_0(0,0) = \frac{d}{dt}s_3(0)$, $\frac{\partial}{\partial w}S_0(1,0) = \frac{d}{dt}s_1(0)$, $\frac{\partial}{\partial w}S_1(0,0) = -\frac{d}{dt}s_0(1)$, $\frac{\partial}{\partial w}S_1(1,0) = -\frac{d}{dt}s_2(1)$, usw.

Die Fläche $Y_0(u,v)$ wird nun konstruiert, indem zu jedem $u \in [0,1]$ ein lokales Koordinatensystem $K = K(u) = (s_0(u); e_x(u), e_y(u), e_z(u))$ mit $e_x(u) := s_2(u) - s_0(u)$, $e_y(u)$ als normierter Vektor der Richtung $\frac{1}{2}(\frac{d}{du}s_2(u) + \frac{d}{du}s_0(u))$ sowie $e_z(u)$ als normiertes Kreuzprodukt aus $e_x(u)$ und $e_y(u)$ erstellt wird. Die Parameterlinie $y(v) := Y_0(\bar{u},v)$ ($\bar{u}$ beliebig, fest) ist eine B-Spline-Kurve mit dem gleichen Trägervektor wie s_1 und s_3, deren deBoor-Punkte folgendermaßen berechnet werden: Man bestimmt die Koordinaten $c_{1\lambda}$ der deBoor-Punkte der Kurve s_1 bezüglich des Systems $K(0)$ und die Koordinaten $c_{3\lambda}$ der deBoor-Punkte von s_3 bezüglich $K(1)$ $(i_\lambda = 0,\dots p_1)$. Durch Affinkombination $c_\lambda = (1-\bar{u}) \cdot c_{1\lambda} + \bar{u} \cdot c_{3\lambda}$ erhält man Koordinatenvektoren c_λ $(\lambda = 0,\dots p_1)$, die bezüglich des Systems $K(\bar{u})$ interpretiert und von diesem System $K(\bar{u})$ zum globalen Koordinatensystem transformiert werden. Daraus erhält man die deBoor-Punkte von $y(v)$, nachdem die ersten und letzten beiden Punkte derart abgeändert wurden, dass für die Parameterlinie gilt: $\frac{\partial}{\partial w}S_0(\overline{u},0) = \frac{d}{dv}y(0)$ und $\frac{\partial}{\partial w}S_2(\overline{u},0) = -\frac{d}{dv}y(1)$. Analog wird die Fläche $Y_1(u,v)$ erzeugt, wobei jedoch $e_y(v)$ zu jedem Parameterwert v als konstanter Vektor (statt abhängig von den Tangentenvektoren der Randkurven wie für Y_0) gewählt wird.

Die Fläche $C(u,v)$ wird als Gregory-Patch [Gre 74] beschrieben. Es ist $C(u,0)=C(u,1) = C(0,v) = C(1,v) = 0$ $u,v \in [0,1]$). Die des Weiteren für die Gregory-Patch-Darstellung benötigten partiellen Ableitungen von $C(u,v)$ ergeben sich durch Ableiten und Umstellen aus (**).

Für eine einfache Näherung der Flächen $Y_0(u,v)$, $Y_1(u,v)$ und $X(u,v)$ eignet sich der Knotenvektor von s_0 als Knotenvektor in u-Parameterrichtung und von s_1 in v-Parameterrichtung der zu erzeugenden Fläche. Mit einem Ansatz von $k := k_0 + 2$ und $l := k_1 + 2$ als Polynomgrade in (*) erhält man für die in Abbildung 3 dargestellten Beispiele bereits ein für die visuelle Kontrolle genügendes Ergebnis (Abbildungen 5, 6). Eine detaillierte Untersuchung des Fehlers zur theoretischen Fläche und der G^r-Abweichung an den Rändern und gegebenenfalls einer Modifikation des Approximationsverfahrens steht noch aus.

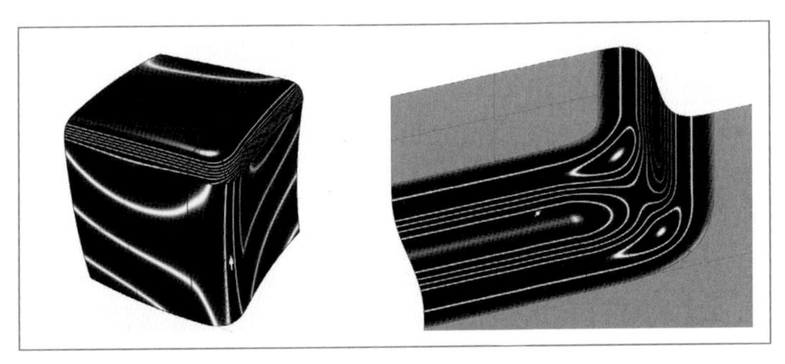

Abb. 5:
G^1-Füllflächen zu den Beispielen aus Abbildung 3 mit Reflexionslinien

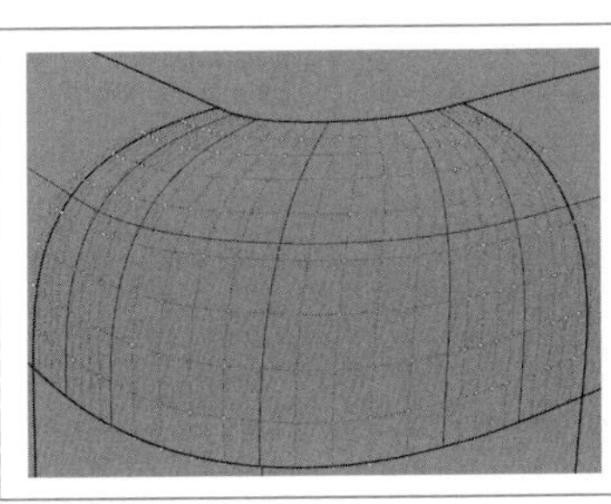
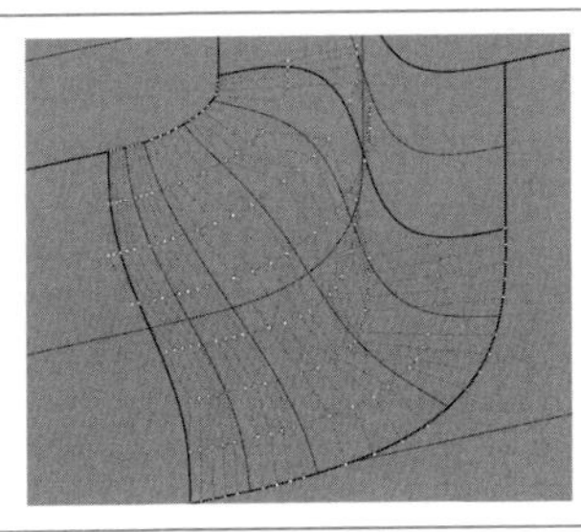

Abb. 6:
deBoor-Punkte-Netze der Füllflächen aus Abbildung 5

Literatur

[Gre 74] Gregory, J.A.: Smooth interpolation without twist constraints. In Barnhill, R.E.; Riesenfeld, RF (ed.): Computer Aided Geometric Design, Academic Press, 1974, 71-87.

[HoLa 92] Hoschek, J.; Lasser, D.: Grundlagen der geometrischen Datenverarbeitung, B. G. Teubner, Stuttgart, 2. Aufl., 1992.

[GePo 96] Geise, G., Pohl, U.: Geometrisch-stetig fortgesetzte Flächen. Vortragsband des 21. Kolloquiums über Differentialgeometrie, Würzburg, 1996, 3-20.

[PBP 02] Prautsch, H., Boehm,W., Paluszny, M.: Bezier and B-Splines Techniques. Springer-Verlag, Berlin, 2002.

[Gro 04] Gross, N.: Applications of Subdivision Techniques in Product Development. Dissertation, TU Berlin, 2004.

[Far 06] Farin, G.: Class A Bézier curves, in: Computer Aided Geometric Design 23, 2006, 573-581.

[Bau 09] Bauschke, D.: Konzeptentwicklung, Auslegung und Erprobung mehrerer komplexer, teilparametrischer Funktionen zur CAD-Flächenerzeugung von Eckverrundungen innerhalb ICEM Shape Design. Diplomarbeit, Hochschule für Angewandte Wissenschaften Hamburg, 2009.

Kontakt

Prof. Dr. Ute Wagner

Beuth Hochschule für Technik Berlin
Fachbereich II / Mathematik – Physik – Chemie
Luxemburger Straße 10, 13353 Berlin

Tel: (030) 4504-5199
E-Mail: ute.wagner@beuth-hochschule.de

Abbildungsverzeichnis

Abb. 1 Florian Heinzelmann, SHAU
Abb. 2 Peter Salzmann, Virtual Shape Research GmbH
Abb. 3-6 Autorin

Alle Abbildungen wurden unter Verwendung von Software der Firma Virtual Shape Research GmbH erstellt.

Frühzeitige Erkennung sicherheitsrelevanter Defekte an Ingenieurbauwerken im Rahmen von dynamischen Belastungstests

Prof. Dr. Boris Resnik; Prof. Dr. W. Tilman Schlenzka

Zusammenfassung

Dank neuer Materialien und Technologien konnte sowohl im Bauwesen als auch in Maschinebau in den letzten Jahrzehnten ein enormer Fortschritt erzielt werden. Die Strukturen moderner Ingenieurbauwerke werden deswegen immer filigraner und graziler, während ihre statischen und dynamischen Belastungen kontinuierlich zunehmen. Die Sicherheit für diese Objekte kann nur durch eine effektive und vor allem interdisziplinäre Qualitätskontrolle gewährleistet werden. So können vorhandene Mängel frühzeitig mit Hilfe von speziellen Messungen im Rahmen von dynamischen Belastungstests nachgewiesen werden. Im Beitrag werden die Möglichkeiten von solchen Messungen mit Hilfe eines neuartigen Messsystems anhand eines typischen Beispiels veranschaulicht und diskutiert.

Abstract

Due to the development and deployment of new materials and technologies, enormous progress in construction and mechanical engineering was reached in the last centuries. The structure of modern engineering constructions become therefore increasingly filigree and delicate, while static and dynamic loads rise continually at the very same time. The security of these objects can be only ensured through an effective and above all, interdisciplinary approach, guaranteeing quality control. In this way, existing defects can be diagnosed earlier through the use of special measurements systems incorporating dynamic endurance tests. The article discusses the opportunities of such measurements by applying a new type of measurement system and illustrates the results on the basis of a typical example.

1. Einführung

Die Herausforderungen bei der Gestaltung der Stadt der Zukunft sind groß. Sie werden oftmals auch dadurch verstärkt, dass einmalige Konstruktionen wie Hochhäuser, Türme, Brücken, Industrieanlagen usw. immer häufiger an Stellen errichtet werden müssen, welche von ihren natürlichen Voraussetzungen her wenig dafür geeignet sind. Die Städte die Zukunft werden nämlich nicht neu gegründet, sondern da fortgesetzt, wo sie sich seit hunderten bzw. sogar tausenden von Jahren unter ganz anderen Bedingungen formiert haben. Sie erfordern somit nicht nur Antworten in technologischen Bereichen wie Energie, Mobilität, Bauen und Industrie. Gerade wegen der enormen Komplexität solcher angrenzenden Bereiche, und oftmals extrem ungünstigen vorgegeben Bedingungen, müssen auch Fragen der Sicherheit und der Zuverlässigkeit von geschaffenen Ingenieurobjekten auf einem wesentlich höheren technischen Niveau beantwortet werden. Glücklicherweise ist es parallel zu diesen Entwicklungen möglich geworden, durch die rasante Entwicklung der Mikroelektronik, Computertechnik und Kommunikation den aktuellen Zustand solcher besonders gefährdeten Objekte ganz anders zu kontrollieren. Im Bauwesen und Maschinenbau fanden dabei in den letzten Jahrzehnten ganz unabhängig von einander die sehr ähnlichen Prozesse mit den Bezeichnungen Structural Health Monitoring (SHM) und Condition Montoring Systeme (CMS) statt.

Sowohl SHM im Bauwesen als auch CMS im Maschinenbau sind am besten geeignet, um kontinuierlich Anhaltspunkte über die Funktionsfähigkeit von Teilen und von ganzen Ingenieur-

bauwerken durch eine gemeinsame und weitgehend zeitnahe Analyse von vielfältigen Informationsquellen zu erhalten. So sollen Schädigungen, z. B. Risse oder Verformungen, frühzeitig erkannt werden, um Gegenmaßnahmen einzuleiten. Dieser Begriff deutet darauf hin, dass heute ein erweitertes Verständnis über die Untersuchungsobjekte gefordert wird und nur in einem interdisziplinären Kontext eine Beurteilung des „Gesundheitszustandes" des Bauwerkes bzw. einer Maschine überhaupt möglich ist.

2. Anwendung von Beschleunigungssensoren beim Monitoring von Ingenieurbauwerken

Das am häufigsten eingesetzte Diagnose-Werkzeug zur Zustandsüberwachung von Maschinen und Industrieanlagen ist die Schwingungsanalyse. So können z. B. mit ihrer Hilfe Unregelmäßigkeiten der beteiligten Wellen, Lager und Zahnradstufen erkannt werden, ohne den Antriebsstrang zu zerlegen. Die Anlage läuft hierbei im normalen Betrieb. Die Schwingungen werden mit Beschleunigungssensoren direkt am Gehäuse aufgenommen und in einem Datenerfassungssystem digitalisiert. Die aufgenommenen Signale werden später mit einer Analyse-Software ausgewertet.

Auch bei der Überwachung von Bauwerken steckt in den Schwingungsmesssystemen sowohl in der Zuverlässigkeit als auch hinsichtlich der möglichen Automatisierbarkeit des Messablaufs ein sehr großes Potential. Es ist bekannt, dass besonders schlanke Bauwerke mit niedrigen Eigenfrequenzen bei geringer Dämpfung, unter Umständen auf Grund natürlicher Anregungsquellen, wie z. B. Wind oder Verkehr, in Schwingungen mit großer Amplitude versetzt werden. Durch die messtechnische Erfassung der dynamischen Charakteristik kann ein an die Realität angepasstes Rechenmodell erstellt werden. Weiterhin ist es möglich, durch dynamische Messungen das Langzeitverhalten und damit den Zustand des Bauwerkes über die Zeit zu beurteilen [1].

Abb. 1: Beschleunigungssensoren

Für Zwecke des Monitorings von unterschiedlichen Ingenieurbauwerken wurden an der Beuth Hochschule für Technik Berlin in Zusammenarbeit mit dem Ingenieurbüro JHG Berlin in den letzten Jahren unterschiedliche prototypische feldtaugliche Sensorsysteme auf Basis der sog. mikroelektronisch-mechanischen Systeme (engl. Micro-Electro-Mechanical-System, MEMS) entwickelt [2]. Diese Systeme werden heute überall dort eingesetzt, wo der Genauigkeitsaspekt gegenüber anderen Faktoren wie z. B. dem Energiebedarf, dem Gewicht, der Größe und den Produktionskosten aufgrund sehr hoher Stückzahlen in den Hintergrund rückt. Ein typisches Beispiel dieser Art ist der Automobil- und Windenergiebereich, wo bereits eine geringe Absenkung der Produktionskosten oder der geometrischen Abmessungen zu einem entscheidenden Wettbewerbsvorteil führen kann. In den letzten Jahren hat sich die MEMS-Technologie jedoch sehr stark verbessert und es wurden Beschleunigungssensoren höherer Qualität entwickelt, mit denen anspruchsvollere messtechnische Anwendungen denkbar sind.

Bedingt durch die hier behandelte Anwendung von entwickelten Beschleunigungssensoren für die Berechnung geometrischen Deformationen bei den sogenannte Belastungstests, liegt der zentrale Innovationsaspekt für die Datenauswertung in der Entwicklung eines stabilen Auswertealgorithmus zur Berechnung von präzisen geometrischen Deformationen aus den gemessenen

Beschleunigungszeitreihen. Von den Autoren wurden inzwischen neuartige Strategien für die Lösung dieser Aufgaben entwickelt, die besonders bei der Bestimmung von relativen Bewegungen der Sensoren eine erhebliche Genauigkeits- und Effizienzsteigerung versprechen.

3. Testmessungen an einem Brückenkran

Die Möglichkeiten zur Durchführung umfangreicher Testmessungen an bestehenden Ingenieurbauwerken mit dem Ziel der Weiterentwicklung des hier vorgestellten Messsystems und Algorithmen werden vor allem dadurch eingeschränkt, dass die dazu notwendigen Belastungstests für die gesamte Anlage eine nicht unwesentliche dynamische Beanspruchung darstellen. Aus diesem Grund wurde von den Autoren gemeinsam verstärkt nach einer Möglichkeit gesucht, vergleichbare Testmessungen unter möglichst gut definierbaren Laborbedingungen vornehmen zu können. Zu diesem Zweck wurden unter anderem umfangreiche dynamische Überwachungsmessungen an einem Zweiträgerbrückenkran durchgeführt.

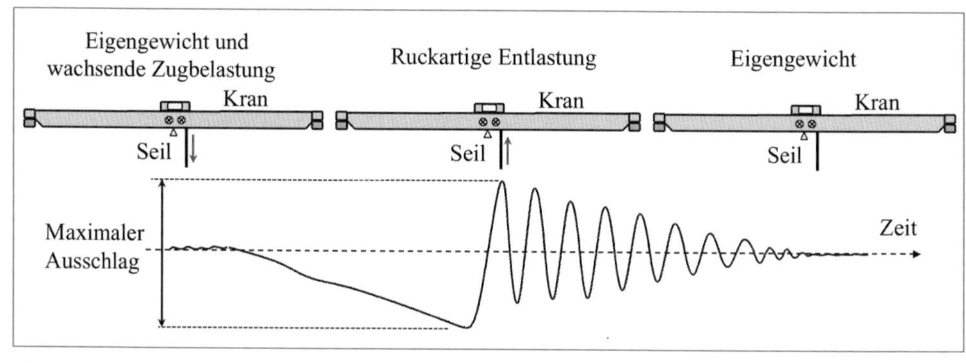

Abb. 2: Schematische Darstellung des Belastungstestes am Brückenkran

Der schematische Aufbau des dabei verwendeten Messsystems ist in Abbildung 2 dargestellt. Bei mittig auf dem Kranbahnträger platzierter Katze soll mit Hilfe des Krans eine Last von 2000 kg angehoben werden, wobei die maximale Zuglast des verwendeten Seils bei ca. 15 kN liegt. Vor Beginn des Versuchs wird der Kranbahnträger lediglich durch sein Eigengewicht belastet. Mit dem Start des Versuchs erfolgt das Spannen des Seiles und gleichzeitig, entsprechend der aktuellen Zugbelastung eine Durchbiegung der tragenden Konstruktionen. Aufgrund der Überschreitung seiner maximal zulässigen Zugbelastung reißt das verwendete Seil bevor das Gewicht angehoben werden kann. Es kommt zu einer ruckartigen Entlastung des Kranbahnträgers, wodurch dieser eine leicht gedämpfte, vertikale Schwingbewegung ausführt, welche unter anderem in der Mitte des Kranbahnträgers mit Hilfe eines Beschleunigungssensors und eines zusätzlich zur Kontrolle eingesetzten Laser-optischen Distanzsensors überwacht wird.

Abbildung 3 zeigt den Vergleich von Zeitreihen mit der Anwendung eines Beschleunigungssensors und eines Laser-optischen Distanzsensors eines typischen Versuches. Augenscheinlich stimmen die vertikalen Ausschläge nach dem Reißen des Seiles in den beiden Zeitreihen sehr gut überein. Für den unmittelbar davor befindlichen Zeitbereich, in dem die Belastung des Kranbahnträgers sukzessive erhöht wird, kann die entsprechende Bewegung durch den Beschleunigungssensor jedoch nicht adäquat abgebildet werden. Der Grund für dieses Phänomen liegt in der umfangreichen Nachbearbeitung der aus der zweifachen Integration erhaltenen Bewegungskurve mit den entsprechenden Filtern.

Für die Bewertung der maximalen Ausschläge nach der erfolgten ruckartigen Entlastung des Trägers ist diese Problematik allerdings nicht relevant.

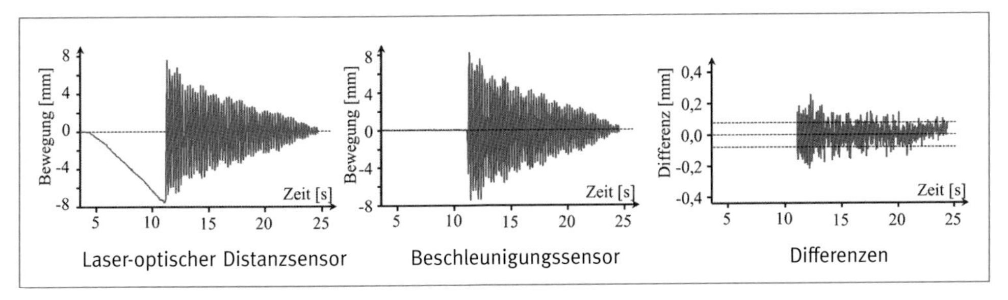

Abb. 3: Ausgewählte Ergebnisse der Testmessungen am Brückenkran

Ausblick

Anhand der präsentierten Laborversuche konnte gezeigt werden, dass sowohl das beschriebene Messsystem auf Basis der Beschleunigungssensoren als auch die entwickelten Algorithmen für die Datenauswertung ein sehr großes Potenzial als Objekt der zukünftigen angewandten Forschung im Bereich des Monitorings von Ingenieurbauwerken aufweisen. Da ähnliche Aufgaben auch bei anderen Objekten der zukünftigen Städten und Siedlungen wie z. B. Windenergieanlagen zu erwarten sind, erhoffen sich die Autoren in den kommenden Jahren weitere Partner im Rahmen der Vorbereitung kooperativer FuE-Projekte zu gewinnen.

Literatur

[1] Resnik B. (2010): Realisierung und Analyse von Schwingungsmessungen in Rahmen des Monitorings am Beispiel eines Brückenwerkes in Armenien. AVN – Allgemeine Vermessungs-Nachrichten, Heft 2, Heidelberg, S. 227-232.

[2] Resnik, B., Gerstenberg, J. (2011): Entwicklung eines Messsystems für Schwingungsmessungen im Rahmen des geodätischen Monitorings. In: Grimm-Pitzinger, A. & Weinold, T. (Hrsg): 16. Internationale Geodätische Woche Obergurgl, Wichmann Verlag, Berlin/Offenbach

Kontakt

Prof. Dr.-Ing. Boris Resnik
Beuth Hochschule für Technik Berlin
Fachbereich III / Bauingenieur- und Geoinformationswesen
Luxemburger Straße 10, 13353 Berlin

Telefon: (030) 4504-2596
E-Mail: resnik@beuth-hochschule.de

Prof. Dr.-Ing. Tilman W. Schlenzka
Beuth Hochschule für Technik
Fachbereich VIII / Maschinenbau, Verfahrens- und Veranstaltungstechnik
Luxemburger Straße 10, 13353 Berlin

Tel.: (030) 4504-2233
E-Mail: schlenzt@fh-berlin.de

Analyse des Arbeitsprinzips von Birotor Generatoren für Mikrowasserkraftwerke

Ruslan Akparaliev
Forschungsschwerpunkte: Elektrische Maschinen, Wasserkraftwerk (Wasserturbinen)

Kurzfassung

In dem vorliegend beschriebenen Forschungsprogramm wurde die Möglichkeit der Verwendung eines Birotor-Generators, speziell für Mikrowasserkraftwerke, untersucht. Der Aufbau des traditionellen Generators mit einem Rotor und der neue Birotor-Generator, bei dem sich der Stator ebenfalls dreht und als zweiter Rotor dient, werden analysiert und verglichen. Ein solches Mikrowasserkraftwerk ist für die Nutzung in Regionen vorgesehen, in denen es eine große Menge an kleinen Wasserströmungen gibt, wie beispielsweise in Kirgisistan. Speziell in abgelegenen Dörfern ist eine autonome Energieerzeugung, welche ohne Anschluss an ein zentrales Stromnetz arbeitet, erforderlich. Birotor - Mikrowasserkraftwerke könnten Erforderlichkeit und Nachhaltigkeit gleichzeitig ermöglichen.

Abstract

In this research projekt the possability of a birotor generator, used specially in micro applications of hydrodynamic power generation was analysed. The setting of a traditional generator with one rotor and the new birotor generator, where the stator is also turning and functional as a second rotor will be analysed and compared in this paper. Such a micro power station with waterpower is planned for an application in areas which are rich at water energy at a less waterflow, for example Kirgistan. Special in villages out of the metropolitan areas a self sustaining energy generation, without connection to a central electrical grid, is needed. Birotor micro hydrodynamic power generation could combine the essential and sustainable aspect in this task.

Einleitung

Kirgisistan verfügt über 2 % der Energieressourcen Zentralasiens. Das sind zum einen die großen Reserven an Kohle und zum anderen bis zu 30 % der Wasserkraft-Ressourcen, von denen allerdings nur ein Zehntel genutzt wird. Das Potenzial der Wasserkraft des Landes besteht aus 252 großen und mittleren Flüssen, in die Zukunft mehr als 160 Milliarden kWh elektrische Energie erzeugen könnten. Während sich der Inlandsmarkt der Verbraucher in den letzten Jahren erhöht hat, ist die bestehende Stromerzeugung aus Wasserkraft und thermischer Energie gleich geblieben. Immer noch gibt es das akute Problem der Stromunterversorgung in abgelegenen Dörfern. Experten schätzen den durchschnittlichen jährlichen Bedarf der Volkswirtschaft Kirgisistan an elektrischer Energie auf 10 Milliarden kWh. Bei der weiteren Entwicklung wird er allerdings 14-15 Milliarden kWh überschreiten. Das Volumen der Stromerzeugung, unter Berücksichtigung der Verluste beim Energietransport und der Exporte (mehr als 4 Milliarden kWh pro Jahr), wird nicht für alle Verbraucher ausreichen. Bereits jetzt leiden die Verbraucher in ländlichen Gebieten unter erheblichem Mangel an Elektrizität. Dieser wird sich in Zukunft noch mehr erhöhen, da die Kapazität der bestehenden Wasserkraftwerke und thermischen Kraftwerke aufgrund des Verschleißes der Anlagen und der steigenden Preise für fossile Brennstoffe von Jahr zu Jahr abnimmt. Unter diesen schwierigen Umständen besteht die Notwendigkeit, eine effiziente und kostengünstige Möglichkeit zu finden, um Energie den Verbrauchern des Landes zur Verfügung zu stellen. In einem Kleinwasserkraftwerk wird Energie in der Regel mit Asynchron oder Synchron Generatoren nach dem traditionellen Prinzip, bei dem eine Wasserturbine den Rotor antreibt, erzeugt.

Aufbau des Birotor Wasserkraftwerk

Im Rahmen meines vom DAAD geförderten Studienaufenthaltes an der Beuth Hochschule wurde eine grundlegend neue Konstruktion eines Mikro-Wasserkraftwerks mit Birotor-Generatoren untersucht. In der Praxis unterscheidet sich das Arbeitsprinzip von Birotor-Mikrowasserkraftwerken, bei denen auch der „Ständer“ rotieren kann von typischen Wasserkraftwerken dadurch, dass die hydraulische Strömung Ständer und Rotor gleichzeitig antreibt. Rotor und Stator werden von einer eigenen Turbine angetrieben, die Drehzahl beider Bauteile kann unabhängig voneinander eingestellt werden.

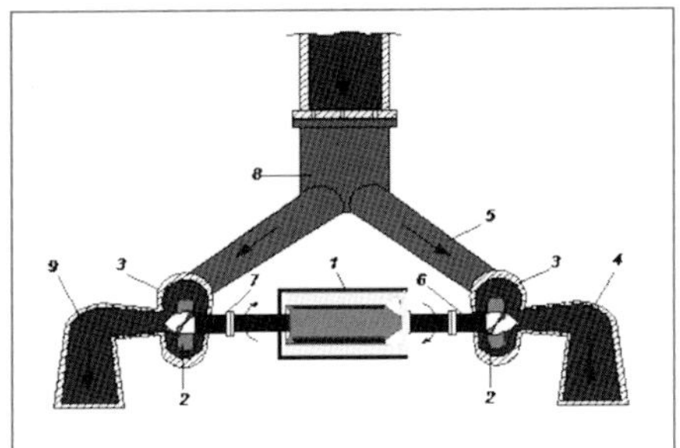

Schema des Birotor Mikro-Wasserkraftwerks

Die hydraulische Strömung fließt durch eine Zulaufrinne 5 mit einer bestimmten Durchflussmenge in die Turbinenkammer. Dann wird der Wasserfluss durch die Einlaufspirale 3 in einem bestimmten Winkel, auf die Leitradschaufel 2 der Turbinen gerichtet, welche dann vom Wasser umflossen und angetrieben wird. Die Turbine wandelt die hydraulische Energie der Wasserströmung in die Rotationsenergie der Rotor- und Statorwelle (7 und 6), am deren Enden sich zum einen der Rotor 7 und zum anderen Stator 6 des Generators 1 befindet. In diesem Fall drehen Rotor und Stator gegeneinander in entgegengesetzten Richtungen, so dass sich die Häufigkeit der Überschneidungen des magnetischen Feldes der Generatorwicklungen erhöht. Nach dem Durchlaufen der Turbine wird der hydraulische Arbeitsfluss durch das Ablaufrohr 4 und 9 abfließen. Das Schema des Birotor-Mikrowasserkraftwerks erfordert besondere Untersuchungen der Eigenschaften dieser Generatoren, die Berücksichtigung von Fragen der Berechnung und Konstruktion der Elemente, eine vergleichende Performance-Analyse und eine Machbarkeitsstudie. Da der Hauptanteil des Mikrowasserkraftwerks ein Birotor-Generator ist, wird der Generator unter den gleichen traditionellen Bedingungen berechnet, d. h. bei gleicher Ausgangsleistung, gleichem Wasserdruck und Wassermenge. Dabei sollen einige technische Unterschiede im Aufbau, gegenüber dem traditionellen Generator betrachtet werden. So wird z.B. der Generator zur Umwandlung von mechanischer Energie in elektrischen Strom bei konstanter Frequenz von beispielsweise 50 Hz durch Polpaarzahl ohne Verwendung eines zusätzlichen Frequenzumrichters oder eines Getriebes entwickelt. In laufe der durchgeführten Arbeit werden außerdem der Aufbau des traditionellen Generators mit einem Rotor und des neuen Birotor-Generators verglichen sowie analysiert. Der Stator des Birotor-Generators dreht sich und dient als zweiter Rotor. Durch die Variation beider Drehzahlen lässt sich eine konstante Differenzdrehzahl von für eine elektrische Frequenz von 50Hz erzeugen. Dabei werden nur die Hauptparameter von Birotor-Generator berechnet und analysiert. Die Ergebnisse sind aus der folgenden Tabelle zu entnehmen.

Parameter	Berechnungs-ergebnisse des Generators	Berechnungs-ergebnisse des Birotor-Generators	Vorteile Birotor Generators %
Anzahl der Statornuten	36	18	50 %
Außendurchmesser des Gehäuses	190 mm	134 mm	30 %
Innendurchmesser des Statorkernes	126 mm	90 mm	29 %
Windungszahl	336	180	53 %
die Masse der Kupferwindung	10,5 kg	5,2 kg	50 %

Tab. 1: Gegenüberstellung der Ergebnisse der Generatorauslegung bei einem Mikrowasserkraftwerk

Zur Berechnungen gehören die Ermittlung der Außen- und Innendurchmesser des Stators, das Material des Blechpaketes, seine Länge, sowie die Bestimmung der Anzahl der Polpaarzahlen und der Statorwicklungen. Aus der Tabelle ist ersichtlich, dass eine Erhöhung der zusätzlichen Statordrehzahl zu einigen Vorteilen führt. Das erlaubt eine Verringerung der geometrischen Größen des Generators durch Reduzierung von

- Polpaarzahlen
- Anzahl der Nutten
- Wicklungswindungen
- Gehäuse des Generators
- Innerdurchmesser des Stators

Aus obengenannten Daten folgt, dass die Verwendung von Birotorgeneratoren zu einer Abnahme der Abmessungen und des Gewichtes führt. All dies kann schließlich zu einer Verringerung der Kosten des Generators führen. Es sei darauf hingewiesen, dass die Ergebnisse nur vorläufig und unvollständig sind. Deshalb sind weiterhin zusätzliche Forschungen in diese Richtung durchzuführen, die auch den Aufbau eines Prototyps beinhaltet.

Zusammenfassung

Ein möglicher Aufbau des neuen Birotor-Generators für Mikrowasserkraftwerke wurde vorgeschlagen, sowie technische Lösungen für den Aufbau beschrieben. Die aufgezeigten technischen Lösungen verdeutlichen, dass ein Birotor-Generator für Mikrowasserkraftwerke effektiv benutzt werden kann. Die Forschungen werden im Rahmen der Zusammenarbeit der Kirgisisch-Deutschen Technischen Fakultät an der Kirgisisch Staatlichen Technischen Universität und der Beuth Hochschule für Technik Berlin im Rahmen von weiteren Kooperationsprojekten fortgesetzt.

Literatur

Rolf Fischer. Elektrische Maschinen, Carl Hanser Verlag, München, Wien 2004

German Müller. Theorie elektrischer Maschinen, VCH Verlagsgesellschaft, 69451 Weinheim 1995

J.-M. Chapallaz, Ingenieur EPFL/SIA, 1450 Ste-Croix. Wasserturbinen (Kleinwasserkraftwerke), Bundesamt für Konjunkturfragen, 3003 Bern, 1995

O. D. Goldberg. Elektrische Maschinen, Verlag (ФГУП) „Hochschule Moskau“ 2006

Jürgen Giesecke, Emil Mosonyi. Wasserkraftanlagen, Springer-Verlag Berlin Heidelberg 2005

Kontakt

Ruslan Akparaliev

Beuth Hochschule für Technik Berlin
Fachbereich VII / Elektrotechnik
Luxemburger Straße 10, 13353 Berlin

Tel: (030) 4504-2465
E-Mail: Rus8314@mail.ru, ruslan.akparaliev@gmail.com

Kirgisische Staatliche Technische Universität
Fachbereich Elektrotechnik
Pr. Mira Straße 66, 720044 Bischkek, Kirgisistan

Tel: +996 (312) 548433, +996 (554) 140383
E-Mail: Rus8314@mail.ru, ruslan.akparaliev@gmail.com

Innovative Methoden und Verfahren für den Bau und Betrieb von Sonderanlagen

Prof. Dipl.-Ing. Katja Biek [1,2,3]
BauSIM 2012
1 Beuth Hochschule für Technik Berlin, Berlin, Deutschland; 2 BAnTec GmbH, Berlin, Deutschland
3 Büro Biek, Berlin, Deutschland

Kurzfassung

Energieeffizienz und Nachhaltigkeit bedeuten für Bestandsbauten im Bereich der Sondergebäude und Sonderanlagen, die Entwicklung von gebäudespezifischen Instandsetzungs- und Sanierungskonzepten. Architektonische Aspekte werden den Nachhaltigkeitsaspekten auch bei Gebäuden mit Sondernutzung vorgezogen. Für diese Klimahüllen gibt es derzeit keine Regeln, Vorschriften oder Standards außer den Ergebnissen, die im Rahmen der vorangegangenen Forschungen für diese Gebäudetypen erfolgten. Seit 2006 werden Methoden und Verfahren für den Bau und Betrieb von Sondergebäuden und -anlagen untersucht. Es werden Systematiken und Benchmarks entwickelt, die zu Empfehlungen und Standards führen. Die energiepolitischen Ziele der Bundesregierung sind der Rahmen bei der Entwicklung innovativer Methoden und Verfahren für den Bau und Betrieb. Hierbei werden sowohl Nachhaltigkeitsaspekte als auch Wirtschaftlichkeitsbetrachtungen in die Untersuchungen einbezogen. Moderne Gebäude und Anlagen bedürfen individuellen Ansätzen in allen Bereichen.

Abstract

Energy efficiency and sustainability have led to the development of building specific restoration and reclamation concepts for existing buildings, in the realm of specialized buildings and facilities. Even for buildings with special use architectural aspects are going to be in favour of sustainability aspects. At the current state of the art there are not any rules, regulations or standards, except for results of preceding researches for this kind of buildings, for these climatic envelopes. Since 2006 methods and processes for construction and operation of specialized buildings and facilities respectively have been investigated. Classifications and benchmarks are developed, leading to recommendations and standards. The energy policies of the federal government are the basis for the development of innovative methods and procedures for the construction and operation. While doing this sustainability aspects and cost-efficiency analysis are included in the research. Modern buildings and facilities require individual approaches in all fields.

Einleitung

Mehr als 80 % der Gebäude sind Bestandsbauten. Das gilt auch bei Sondergebäuden. Die Umnutzung und energetische Sanierung bedürfen völlig neuer Betrachtungsweisen und Ansätze. Für diese Bestandsgebäude werden Methoden und Verfahren entwickelt. Die Konzepte sollen ressourcenschonend, nachhaltig, regenerativ, wirtschaftlich und kundenorientiert sein. Die energiepolitischen Ziele der Bundesregierung werden angewandt und umgesetzt. Es ist notwendig, die speziellen Nutzungen in Nutzungsprofilen abzubilden. Für diese Sonderbauten werden diese Profile erforscht und entwickelt. Aus den Ergebnissen resultieren eine Reduktion der technischen Anschlusswerte, CO_2-Reduzierungen und Nutzenergieeinsparungen, die wiederum Primärenergieeinsparungen zur Folge haben. Weder die EnEV2009 noch die Vornorm DIN EN V 18599 sind für diese Betrachtungen in jetzigen vorliegender Form anwendbar. Es werden die Randbedingungen für die Gebäudeinnenhülle teilweise völlig neu definiert, betrachtet und sortiert. Ansatz sind die Behaglichkeitsbedürfnisse der Flora und Fauna, die in den bauphysikalischen und technischen Anforderungen des Gebäudes münden. Ziel ist die Entwicklung von allgemeingültigen Betreiberkonzepten für diese Art der Sonderbauten und Sonderanlagen, die sowohl nachhaltig, wirtschaftlich als auch kundenorientiert sind. Darstellbar ist dies durch das Spannungsdreieck (Tier/Pflanze-Besucher/Kunde-Gebäude/Technik, Abb.1). Die Anforderungen und Einflussparameter ergeben sich durch die Anforderungen der einzelnen Bereiche.

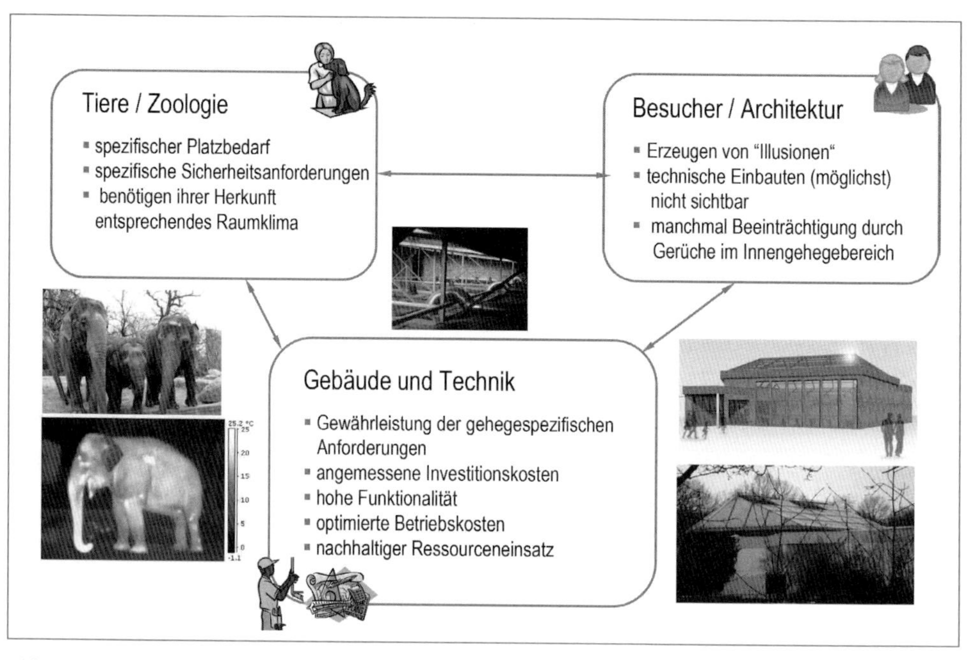

Abb. 1: Spannungsdreieck; ©Prof. Dipl.-Ing. Katja Biek, 2008

Energetische Analyse

In Tier- und Freizeitanlagen werden die klimatischen Bedingungen verschiedener Herkunftsländer (der Tiere) technisch und baulich nachgebildet. Das heißt für die Nachbildung von tropischen Bedingungen, dass Temperaturen von rund 24°C und eine relative Feuchte von rund 70 % realisiert werden. Diese Bedingungen sollen im Sommer und im Winter gleichermaßen aufrechterhalten werden. Im Vergleich dazu fühlt sich der Mensch bei Temperaturen zwischen 18°C und 24°C wohl, die relative Feuchte liegt dabei gemäß DIN EN ISO 7730 zwischen 35 % bis 65 %. Die Luftgeschwindigkeit soll 0,2 m/s im unbedeckten Nackenbereich nicht überschreiten, wenn keine körperlichen Aktivitäten vorliegen. Wärmebrücken und Kaltlufteinfälle sind vor allem an den recht großen Außentüren- und Außenfenstern die vorrangige Einflussgröße. Es werden die Auswirkungen der Gebäudeundichtigkeiten durch Zugluft auf die Bewohner und Nutzer sowie auf die Energieverbräuche untersucht. Die in den Gebäuden vorherrschenden Bedingungen sind unterschiedlich verträglich für Mensch, Tier und Bausubstanz. Den Negativauswirkungen wird in der Praxis oft mittels großem technischen und energetischen Aufwand entgegengewirkt. Es entstehen hohe Verbräuche und hohe Betriebskosten. Gerade in Bestandsgebäuden sind diese Aspekte bei Umnutzungskonzepten besonders zu berücksichtigen. Ein unsaniertes Gebäude (Orang-Utan-Haus) mit einem Volumen vom 6.710 m² und rd. 600 m² hat einen Primärenergieverbrauch von rd. 380 kWh/m²a (230 MWh/a). Ein Vergleichsgebäude, mit einfacher Nutzung; Sportgebäude mit Lüftung als Bedarfslüftung ungefähr gleicher geometrischer Hüllflächen, hat einen Primärenergieverbrauch von rd. 270 kWh/m²a (160 MWh/a).

Bestandsanalyse

Die Untersuchungen erfolgen in Form von Messungen im Feld in ausgewählten Gebäuden vor Ort. Es werden systematische und sich periodisch wiederholende Untersuchungen durchgeführt. Dazu gehören bauphysikalische Untersuchungen mittels Thermografie und Bestimmung von Oberflächentemperaturen der Hüllflächen, die Erfassung von örtlichen Behaglichkeitsgrößen und Tages-, Wochen-, Monats- und Jahresprofile für Raumlufttemperatur und Raumluftfeuchte und Strömungsgeschwindigkeit. Weiterhin werden Profile von den relevanten Verbräuchen und der Betreibung der Gebäude aufgenommen. Die Auswirkungen und Änderungen durch kleinere und größere Instandsetzungsmaßnahmen werden so erfasst und mit berücksichtigt. Die Erfassung des Gesamtströmungsprofils, hervorgerufen durch die natürliche Luftbewegung und die thermische Beeinflussung des zu untersuchenden Raumes, wird zusätzlich zu den punktuellen Messungen mittels Strömungsversuchen (Nebel oder Heliumblasengenerator) vor Ort durchgeführt. Die punktuell gemessenen Werte werden dreidimensional visualisiert. Langfristig angelegte Monitoring- und Langzeitmessreihen validieren die Annahmen und geben Aufschluss bezüglich der Betreibung. Es werden Kennwerte gebildet und ein Nutzungsprofil abgeleitet.

Erstellung eines Nutzungsprofils

Die Vornormreihe DIN V 18599 definiert die Berechnungsverfahren und Randbedingungen für die Erfassung der Energiebedarfe für Heizung, Lüftung, Kühlung und Beleuchtung. Sie ist die Grundlage für die Bewertung der Gesamtenergieeffizienz eines Nichtwohngebäudes. Des Weiteren sind nutzerbezogene Randbedingungen in Teil 10 definiert (Standardnutzungsprofile). Diese umfassen die Nutzungs- und Betriebszeiten, Kennwerte über die Beleuchtungsart, Infiltrationen, Luftvolumenströme und Feuchteanforderungen. Es sind die Raumluft-Solltemperaturen für den jeweiligen Heiz- und Kühlfall für das jeweilige Nutzungsprofil definiert. Die internen Lasten wie Personenbelegung, Möblierung, EDV-Ausstattung sind über den genormten Gebäudetyp vorgegeben. Auch die Nutzungszeiten und Nicht-Nutzungszeiten können aus diesen Tabellen entnommen werden. So ist gewährleistet, dass das Ergebnis immer mit einem Referenzgebäude verglichen wird.

Dieses Verfahren ist für Neubauten und standardisierbare Gebäude und Nutzungsprofile sehr effektiv und gibt Aufschluss über den Primärenergiebedarf. Auf nicht normierte Gebäude ist die Vorgehensweise anwendbar, die vorgegebenen Nutzungsprofile passen nicht.

Nutzungsprofil für ein Tropenhaus

Ein Teilergebnis der Auswertung der Langzeitmessungen sind gebäudebezogene Nutzungsprofile. Zum ersten Mal konnte ein Nutzungsprofil für den zoologischen Bereich abgeleitet werden. Nachstehend die Nutzungs- und Betriebszeiten eines Tropenhauses bezogen auf ein Kalenderjahr:

Formblatt Nutzungsrandbedingungen nach DIN V 18599-10

Nutzung: Menschenaffen-Gehegezone

Nutzungszeiten			von	bis
tägliche Nutzungszeit		Uhr	0	24
jährliche Nutzungstage	$d_{nutz,a}$	d/a	365	
jährliche Nutzungsstunden zur Tagzeit	t_{Tag}	h/a	4407	
jährliche Nutzungsstunden zur Nachtzeit	t_{Nacht}	h/a	4353	
tägliche Betriebszeit RLT und Kühlung		Uhr	-	-
jährliche Betriebstage für jeweils RLT, Kühlung und Heizung	$d_{op,a}$	d/a	365	
tägliche Betriebszeit Heizung		Uhr	0	24

Tab. 1: Ermittelte Nutzungs- und Betriebszeiten eines tropenähnlichen zoologischen Gebäudes

Bezieht man die künstliche Beleuchtung und die möglichen Tageslichtanteile mit ein, werden für die künstliche Beleuchtung rd. 30 MWh/a an Primärenergie benötigt, das entspricht 50 kWh/m²a. Die künstliche Beleuchtung ist insgesamt 2.543 h/a in Betrieb. Die Anschlussleistung ist dem Bedarf der Fauna und Flora sowie den Betriebsbedingungen angepasst. Des Weiteren wird neben physikalischen Bedingungen auch Beleuchtungsart der nachgebildeten Länder entsprochen. Einsparpotential liegt in der Nutzung des Tageslichts und der Sonneneinstrahlung. Konstruktive Gestaltungen sind hierfür notwendig.

Die nachstehenden Diagramme zeigen die Korrelation zwischen der gemessenen Raumlufttemperatur und der Raumluftfeuchte zur Außenluft und zum Testreferenzjahr Region 5. Es ist deutlich zu erkennen, dass sich innerhalb einer Periode (Wochengang) Raumlufttemperaturen außerhalb der Behaglichkeit für den Menschen einstellen. Aufgrund der kalten Außentemperaturen ist der Mensch in diesem Fall wärmer bekleidet. Die tropischen Bedingungen sind für die Pflanzen zum Vorteil, für den Menschen auf längere Zeit aber sehr unangenehm.

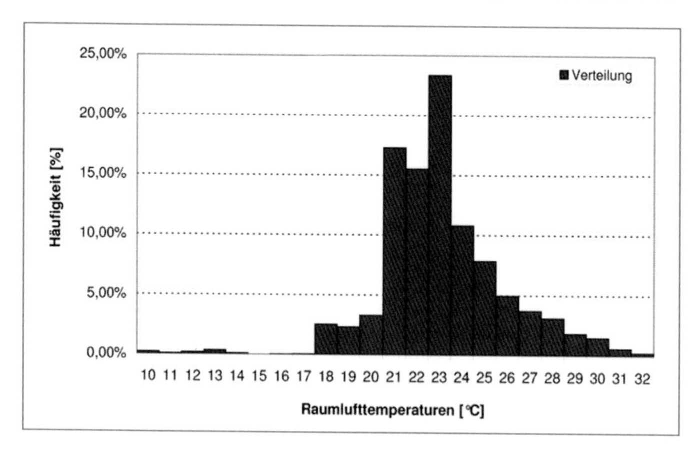

Abb. 2: Häufigkeitsverteilung der Raumlufttemperatur

Das Diagramm zeigt die Häufigkeitsverteilung der Raumlufttemperaturen über den gemessenen Zeitraum vom 23.09.2009 bis 02.11.2009. Anhand des Diagrammes wird das Orang-Utan-Haus in den sommerlichen Tagen auf 23°C Raumlufttemperatur gehalten (23,36 %). Summiert man die Tageswerte über den Zeitraum ergibt sich eine mittlere quadratische Abweichung von ca. 22,2°C, die Standardabweichung beträgt dann 2,72 °C.

$$s^2 = \frac{1}{n} \cdot \sum_{i=1}^{n} \left(x_i - \overline{x}\right)^2 \quad \text{[Gl.1]}$$

$$s = +\sqrt{s^2} \quad \text{[Gl.2]}$$

Anhand des Kurvenverlaufes lässt sich ein Wochenprofil für die Nutzungszone ableiten. Die Lüftungsstoßzeiten, die Sonneneinstrahlung und die inneren Lasten spiegeln sich im Kurvenverlauf durch Senken oder Spitzen wieder. Das Wochenprofil der Raumlufttemperatur ist eine Wiederholung der einzelnen Tagesgänge. Im Ergebnis kann eine verlässliche Wochenganglinie erstellt werden.

Die ermittelten Nutzungsprofile werden in Labor- und Feldtests validiert. Des Weiteren werden die Profile mit den installierten Techniken in Korrelation gebracht. Unter Hinzuziehung von Raumbüchern und Datenblättern werden die Wartungsintervalle optimiert. Die so gewonnenen Erkenntnisse werden als Optimum definiert. Dieses Optimum ist Referenz für einen möglichen Primärenergieverbrauch. Gleichzeitig können so Modernisierungsmaßnahmen abgeschätzt werden. Dargestellt wird das in den Energieausweisen.

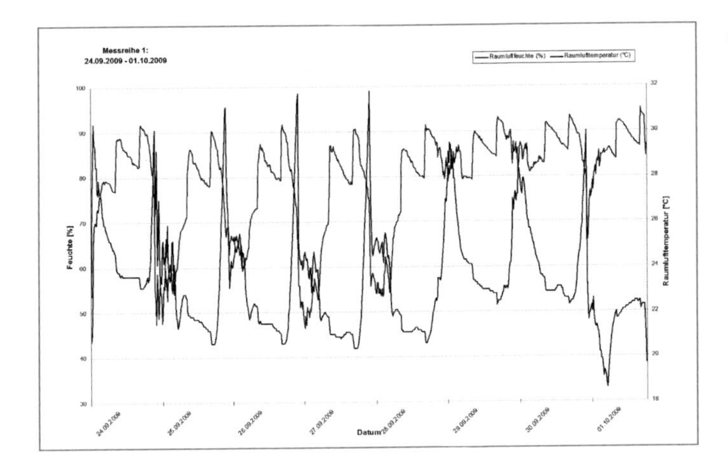

Abb.: 3: Wochenprofil Raumlufttemperatur und Raumluftfeuchte

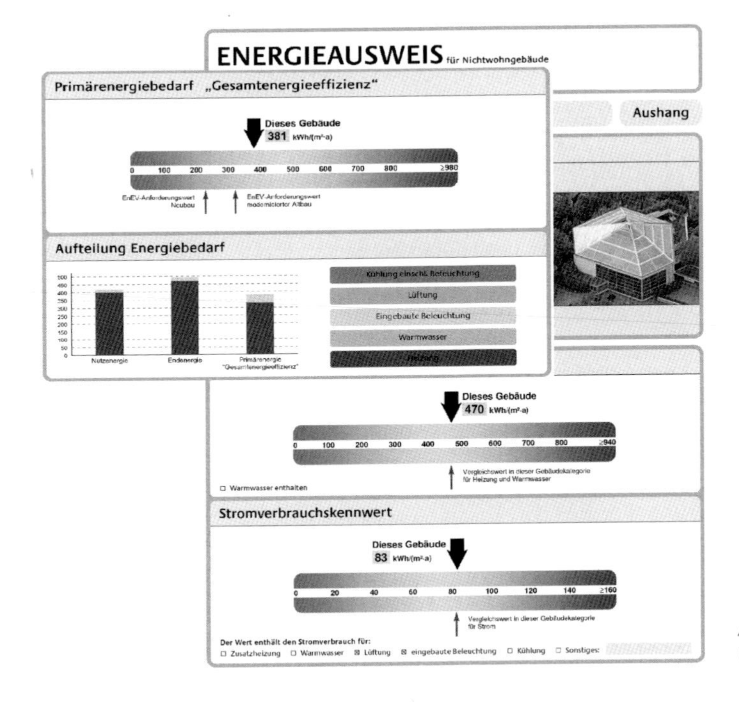

Abb.: 4: Energieausweis; Quelle: BAnTec GmbH, 2010

Strömungsprofil

Die Auswertung der Messungen ergeben Raumprofile, die Aufschluss über die Nutzung, die Besucher, die Gebäude und die Optimierungsvarianten geben. Es ist ersichtlich, an welchen Stellen im Raum sich Behaglichkeitszonen einstellen, und an welchen Stellen diese unterschritten werden. Die Messwerte und die Profile sind Eingangsparameter für die thermische Simulation und und die Strömungssimulation. Es wird der Ist-Zustand simuliert. Dieser ist Grundlage für theoretische Optimierungen (Simulationsrechnungen). Labormessungen mit Dummys unter definierten Zuständen geben Aufschluss über das Raumprofil.

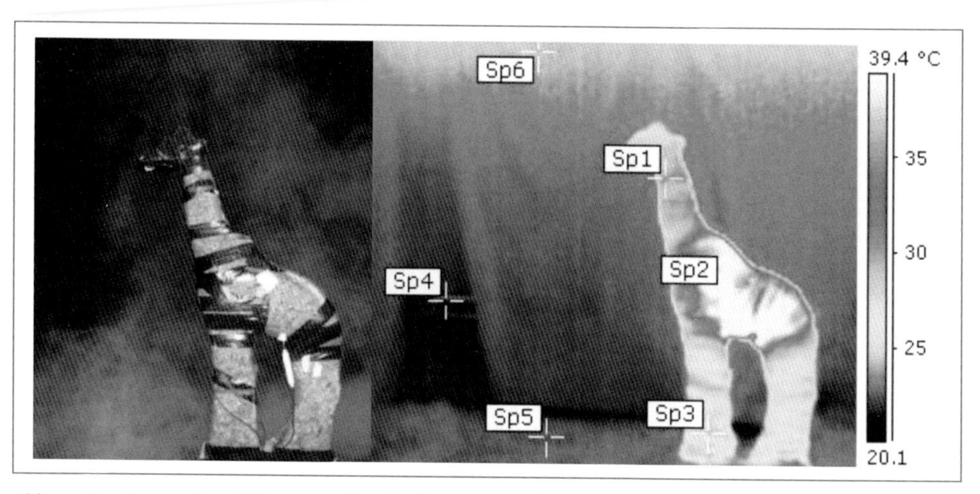

Abb. 5: Rauchversuch und Thermografieaufnahme am Giraffendummy

Durch die Unterteilung und Rasterung in der Versuchskabine, lassen sich die gegenseitigen Wechselwirkungen von Besucher- und Tierbereich nachstellen. Die Nachbildung im kleinen Maßstab dient zur Überprüfung und Nachbildung von in der Praxis gesammelten Parametern.

So können bereits während der Voruntersuchung nutzerspezifische Anforderungen über das Gebäude generiert werden, die in der Bau- und Betriebsphase auf mögliche Problemstellungen hinweisen. In Abbildung 9 ist der Einfluss der Fugen mit einer Spaltbreite von 1,0 cm bis 4,0 cm dargestellt. Die Infiltration ist durch Temperaturdifferenzen hervorgerufen und hat Druckunterschiede zur Folge. Das wiederum führt zu Zugerscheinungen und thermischen Unbehaglichkeiten beim Nutzer (Tier).

Die Infiltrationen werden mittels konstruktiver Anpassungen wie Dichtungsausbildung, Leitbleche und Materialienwahl minimiert. Unter Hinzuziehung der Ergebnisse aus den Messreihen und den gewünschten zu erreichenden Behaglichkeitsanforderungen lassen sich vor der Realisierung der Maßnahmen geeignete Randbedingungen zur energieeffizienten und wirtschaftlichen Ausführung treffen.

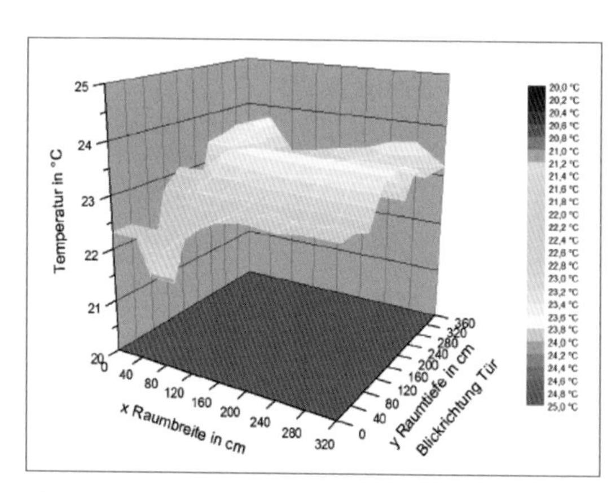

Abb 6: Temperaturprofil bei Raumhöhe z= 160 cm

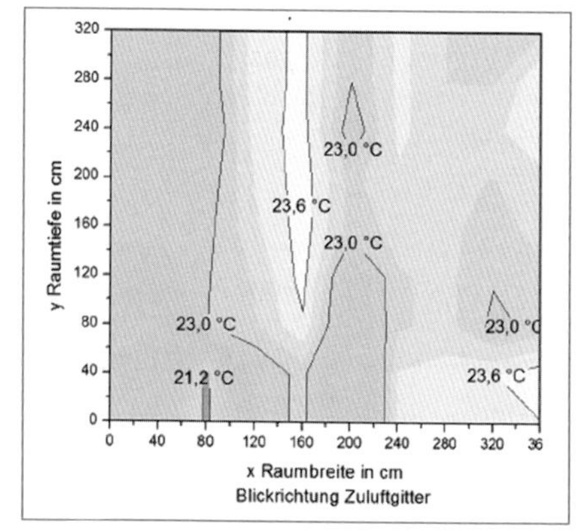

Abb. 7: Temperaturprofilschnitt bei Raumhöhe z= 160 cm

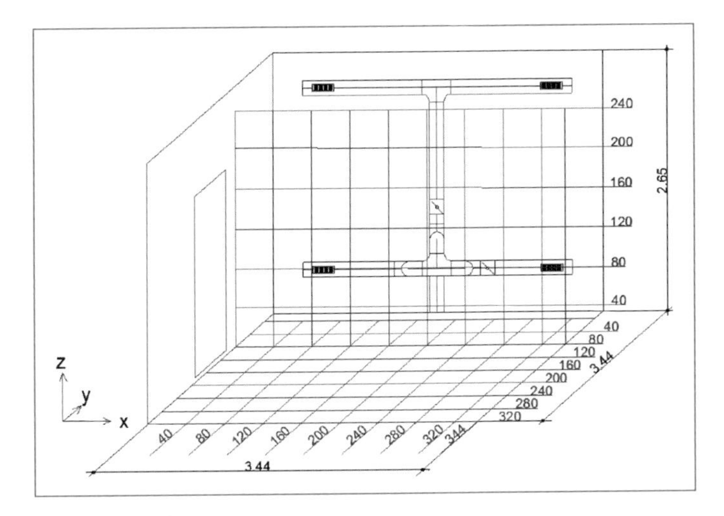

Abb. 8: Rastereinteilung der Versuchskabine

Abb. 9: Kaltlufteinfall am Schiebetor; Quelle BAnTec GmbH, 2012

Zusammenfassung und Ausblick

Mittels der erhobenen Datensätze kann durch Auswertung und Interpretation auf das spezifische Nutzungsprofil geschlossen werden. Parallel dazu werden die Energieverbräuche erfasst und ausgewertet. Resultierende Erkenntnisse werden durch Simulationsrechnungen abgebildet. Es kann der zu erwartende energetische Aufwand abgeschätzt werden, ebenso die Behaglichkeitszonen im Gebäude. Der energetische Aufwand, das Nutzungsprofil und die Festlegung der Aufenthaltszonen sind Ansatz für Benchmarks. Das Gebäude kann als energieeffizient eingeordnet werden. Durch weitere Variantenvergleiche lassen sich mögliche Einsparungen generieren. Es ergeben sich Synergien und vergleichbare Betreiberaspekte, die sowohl in kleinteiligen Tier- und Freizeitanlagen als auch in anderen kleinteiligen sonstigen Sonderanlagen gelten; z.B. Kleinindustrie.

In einem weiteren integrierten Teilprojekt werden Einflüsse und mögliche Behaglichkeitskriterien für die Tropenbewohner (Orang-Utans) erforscht.

Durch diese Forschung werden nicht nur die Prinärenergieverbräuche und die Betriebskosten nachhaltig gesenkt, sondern auch die Wohlfühlaspekte für Mensch und Tier optimiert. Dadurch wird sowohl die Infektgefahr für die Tiere gesenkt, als auch die Attraktivität, die Verweildauer für die Besucher erhöht.

Literatur

DIN EN ISO 7730, 1995, Ergonomie der thermischen Umgebung, Beuth Verlag Berlin

DIN V 18599-1/11, 2011, Energetische Bewertung von Gebäuden – Berechnung des Nutz-, End- und Primärenergiebedarfs für Heizung, Kühlung, Lüftung, Trinkwasser und Beleuchtung, - Beuth Verlag Berlin

Stech, A. B.Eng., 2010, Bachelorarbeit Recherche von experimentellen Strömungsnachweisverfahren in Räumen und Sonderanlagen, Beuth Hochschule für Technik Berlin, Deutschland

Tian, T. Dipl.–Ing.(FH), 2010/2011, Nachhaltige Forschung in Wachstumsbereich Band II, ISBN 978-3-8325-3012-9, Berlin, Deutschland

Biek, K. Prof. Dipl.-Ing., 2011, Klimaschutz hautnah angewandt – Wassermanagement in Tier- und Freizeitanlagen, Beuth Hochschule für Technik Berlin, ISBN: 978-3-86573-650-5

Biek, K. Prof. Dipl.-Ing., 2011, Innovative Methoden und Verfahren für den Bau und Betrieb von Tier- und Freizeitanlagen- Teil 2, Nachweisverfahren und Methoden für die Auslegung und das Betreiben von Sonderbauten, Teilaspekt: Energieeinsparung und Prozessoptimierung in Tiergehegen, Aufbau eines Grundmodells für eine biologische Wasseraufbereitung, Beuth Hochschule für Technik Berlin, Berlin Deutschland, ISBN: 978-3-8305-1979-9

Biek, K. Prof. Dipl.-Ing., 2011, Klimaschutz hautnah angewandt - Energieeinsparung und Wassermanagement“, Veröffentlichung im Forschungsbericht 2011 der Beuth Hochschule für Technik Berlin, ISBN: 978-3938576-30-4

Biek, K. Prof. Dipl.-Ing., 2010, Innovative Methoden und Verfahren für den Bau und Betrieb von Tier- und Freizeitanlagen, Veröffentlichung im wissenschaftlichen Abschlussbericht der Forschungsassistenzen FAV an der Beuth Hochschule für Technik Berlin, ISBN: 978-3-410-21517-2

Biek, K. Prof. Dipl.-Ing., 2007, Forschungsbericht 2007, Herausgeber Prof. Dr.-Ing. Thümer, Reinhard, Prof. Dr. Görlitz, Gudrun, Verlag für Marketing und Kommunikation GmbH & Co. KG, ISBN 978-3-938576-01-3

Biek, K. Prof. Dipl.-Ing., 2007, Bau und Betrieb von Tieranlagen, Festschrift 75 Jahre Ingenieurausbildung im Studiengang Gebäude- und Energietechnik; Herausgeber TFH Berlin FB IV, ISBN 978-3-938576-03-8

Kooperationspartner:

Westfälischer Zoologischer Garten Münster GmbH
Allwetterzoo Münster

Sentruper Str. 315
48161 Münster

Kontakt

Prof. Dipl.-Ing. Katja Biek

Beuth Hochschule für Technik Berlin
Fachbereich IV / Architektur und Gebäudetechnik
Luxemburger Str. 9, 13353 Berlin

Tel: (030) 4504-2535
E-Mail: biek@beuth-hochschule.de

BioClime – Effiziente Ressourcennutzung mittels Datenerhebung als Basis eines Energie-Benchmarks für Sonderbauten

Prof. Dipl.-Ing. Katja Biek; Dipl.-Ing. Arch. Helena Broad; Nora Exner, M.Sc.

Kurzfassung

Liegenschaften, Gebäude und sonstige Einrichtungen der Erholung und Bildung sind in der Regel gemeinnützige Sonderimmobilien. Diese Liegenschaften sind öffentlich zugänglich und besucherorientiert ausgerichtet. Sie bedürfen einer besonderen Außendarstellung. Eine Vielzahl (›80 %) dieser Areale sind Bestandsanlagen. Die Instandsetzung dieser Sondergebäude und -anlagen erfolgt unter rein architektonischen und investiven Gesichtspunkten. Ressourcenschonende Ansätze für die energetische Versorgung und der Abgleich mit den baulichen Gegebenheiten wird dabei vernachlässigt. Interdisziplinäre Betreiberkonzepte, die sowohl den Nutzer, den Betreiber, die baulichen und technischen Gegebenheiten sowie den Besucher mit einbeziehen, werden entwickelt. Langfristig angelegte Datenerhebungen, Datenanalysen und der ständige Abgleich mit den realen Bedingungen bieten die Grundlage für ein anwendungsorientiertes und effizientes Energie-Benchmarking.

Abstract

Buildings and centers for education and recreation are generally buildings serving the public good, which are accessible to and oriented towards the needs of the public. Therefore they require a particular public presentation. The majority of these sites (›80 %) are existing buildings. The maintenance of specialized buildings is mostly realized under a strictly architectural and economical perspective. Sustainable approaches concerning energy supply and a comparison to the built context are often not taken into account. Interdisciplinary operating concepts, concerning the special needs of users and operators as well as the constructional and technical conditions, need to be developed. A basis for practice-oriented Energy-Benchmarking is provided by long-term data collection, analysis and the continual comparison to the actual conditions.

Einleitung

Ausgangspunkt des Energie-Benchmarks ist die Bestandsaufnahme der Energieverbräuche für Heizen und Kühlen in Sonderanlagen und Sondergebäuden; am Beispiel von Tier- und Freizeitanlagen. Weiterführend werden die erfassten Verbräuche analysiert und auf ein mögliches Optimierungspotential hin untersucht. Diese Ergebnisse werden ins Feld implementiert und auf ihre Belastbarkeit hin überprüft (Validierung). Eine Möglichkeit der Überprüfung ist die Befragung des Betreibers mittels standardisierter Fragebögen.

Im Rahmen mehrerer Konferenzen und Symposien zu diesem Themenkomplex wurden verschiedene Betreiberaspekte erfragt und bewertet. Ein Zwischenergebnis ist der Fragebogen „Energie im Zoo“. Erste Rückläufer des Fragebogens ergeben, dass das energetische „Sorgenkind“ in der Regel Bestandsgebäude aus der Bauzeit 1960 bis Ende 1980 sind. Die damaligen Baustile widersprechen den heutigen Anforderungen an Komfort und Energieeffizienz. Themen zu Temperatur, Licht, Luft, Wasser und Gebäudesubstanz werden in dem Fragebogen einzeln abgefragt und einzeln analysiert. Im Folgenden wird ein repräsentativer Ausschnitt der Ergebnisse dargestellt und diskutiert.

Auswertung

Fast die Hälfte (47 %) der „energetischen Sorgenkinder" wurden zwischen 1960-1975 gebaut und weitere 14 % sind noch älter.

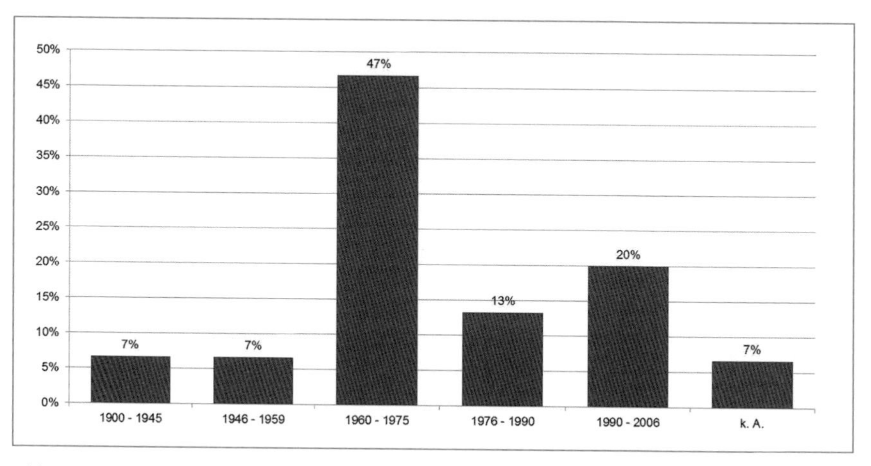

Abb. 1: Baujahr der „energetischen Sorgenkinder" (Quelle: BioClime)

Die konzeptionelle Entwicklung von Tier- und Freizeitanlagen seit den 80er Jahren verfolgt zunehmend die Nachbildung des natürlichen Lebensraumes der Tiere. Realisiert wird dies in Bestandsgebäuden im Wesentlichen durch Öffnung, Vergrößerung und Bepflanzung der Gehege. Diese Veränderungen haben einen gegenüber der ursprünglichen Auslegung abweichenden Gebäudebetrieb und zunehmende Bausubstanzbelastung zur Folge. 63 % der Gebäude, die Bauschäden aufweisen, sind Tropenhallen. Dies belegt einen Zusammenhang zwischen Gebäudemängeln und dem feucht-warmen, künstlich erzeugten Gebäudeklima.

Ein weiterer Aspekt der baulichen Entwicklung ist der Trend zur dezentralen Energieerzeugung. Viele Betreiber von Sonderanlagen haben begonnen, ihren Energiebedarf teilweise durch regenerativ erzeugte Energie zu decken. Die Umfrage zeigt auf, dass bereits 57 % der Befragten Eigenstrom dezentral erzeugen.

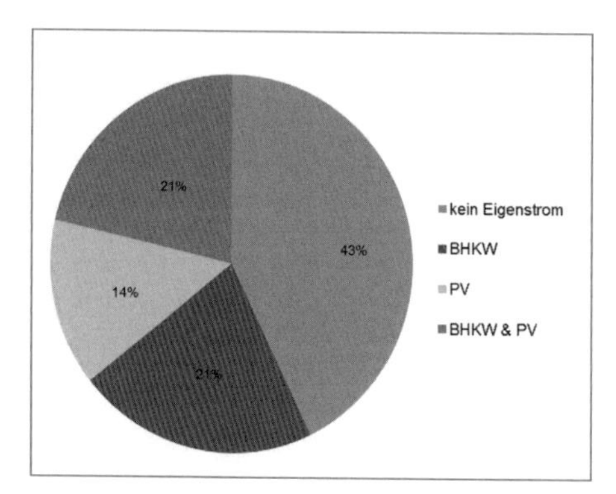

Abb. 2: Eigenstromproduktion (Quelle: BioClime)

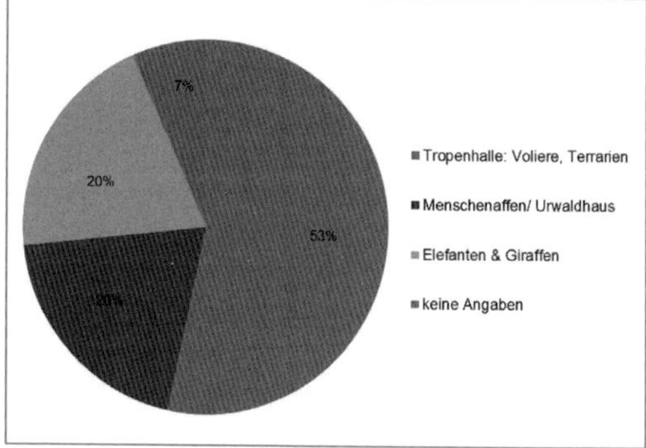

Abb. 3: Gebäudekategorisierung (Quelle: BioClime)

Gebäudekategorisierung

Ein wesentlicher Einflussfaktor ist neben den Baustilen auch die Nutzung. Es werden vor allem Gebäude mit höheren Temperaturen (15-30 °C) und hoher relativer Luftfeuchte (40-80 % rel. Feuchte) als „Sorgenkind" benannt. 73 % der Befragten geben Tropenhallen an. Weitere 40 % der gelisteten Gebäude sind Menschenaffenhäuser (20 %) bzw. Gebäude für Elefanten und Giraffen (20 %). Abbildung 3 bildet das Ergebnis ab.

Temperierung

In Sondergebäuden, wie Tropenhallen sollen klimatische Lebensräume für die Fauna und Flora nachgebildet werden. Diese Gebäude werden ganztägig und ganzjährig entsprechend konditioniert. Dabei wird angestrebt, die Besucherseite behaglich zu gestalten. Es ist technisch und baulich hochkomplex zwei verschiedene Behaglichkeitskonditionierungen (Fauna- und Floraseite und Besucherseite) zu realisieren. Weiterhin stellt diese Konditionierung hohe Anforderungen an die Bausubstanz.

Abb. 4: Thermographie Tropenhalle Allwetterzoo Münster (Quelle: BioClime)

Abb. 5: Tropenhalle Allwetterzoo Münster (Quelle: BioClime)

Für die realistische Nachbildung tropischer Klimaten, wie z. B. in Menschenaffenhäusern und Tropenhallen, bedeutet dies eine konstante Bereitstellung von Temperaturen >24 °C und einer relativen Luftfeuchte zwischen 75-80 %. Die Umfrage zeigt, dass diese Ansprüche im Betrieb von Tropenhallen und Menschenaffenhäusern, durch die Konditionierung dieser Gebäude auf 15-30 °C und 40-80 % relative Luftfeuchtigkeit realisiert werden.

Trockene Klimaten werden in Sonderanlagen nur in den Gebäuden nachgebildet. Dort ansässige Lebensformen sind z.B. Elefanten, Giraffen sowie hygrophile Pflanzengewächse, wie Kakteen und Dornengewächse. Für die Energiebetrachtungen heißt das, dass Temperaturen zwischen 18 und 24 °C und eine relative Feuchte von 40-60 % nachgebildet werden. Die Feststellung, dass diese Gebäude einen hohen Energiebedarf haben, kann darauf zurück zuführen sein, dass diese Gebäude große Öffnungen in der Fassade benötigen (übergroße Türen). Eine Vielzahl dieser Gebäude ist ebenfalls in den 60er bis 70er Jahren errichtet worden.

Übergeordnetes Ziel ist das Gleichgewicht zwischen Tier/Pflanze–Besucher/Kunde–Gebäude/Technik (Vergleiche Spannungsdreieck, „Innovative Methoden und Verfahren für den Bau und Betrieb von Sonderanlagen"). Führungsgröße für die Betreibung der Gebäude sind vorrangig die Bedürfnisse der Fauna und Flora.

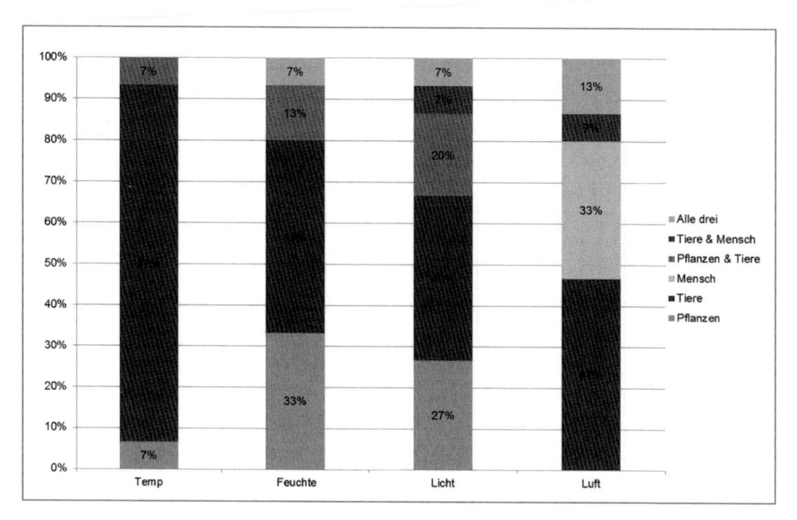

Abb. 6: Welcher „Nutzer" ist entscheidend für welche Klimaparameter?

Saisonale Betrachtung

Tropenhallen sind klimatisch für die Anforderungen der Tiere und Pflanzen ausgelegt. Die Behaglichkeit der Besucher muss berücksichtigt werden, da deren Verweildauer in den Häusern für öffentliche Häuser, wie Zoos, wesentlich ist. Die Behaglichkeitsansprüche eines Besuchers in Winterkleidung und die der tropischen Tiere an das Raumklima sind gegensätzlich. Dennoch soll das Gebäude für beide behagliche Bedingungen bieten. Dies stellt für den Betrieb eine große Herausforderung dar. In 50 % der Tropenhallen sind die Tiere tagsüber in den Innengehegen und somit auch die Besucher. Bei den restlichen 50 % der Tropenhallen sind die Tiere und Besucher vom Herbst bis Frühjahr tagsüber in den Innengehegen. In 75 % der Tropenhallen findet keine saisonale Anpassung der Gebäudeklimatisierung statt. Eine jahreszeitliche Betrachtung der Besucherströme und des Tierverhaltens würde die Bewertung einer saisonaler Gebäudeklimaanpassungen ermöglichen und zusätzliches Energieeinsparpotential ergeben.

Beleuchtung – Tages- und Kunstlicht

Die realistische Nachbildung der Lebensräume wird im Wesentlichen durch die Bepflanzung in den Gehegen realisiert. Somit ist der Aspekt der Tageslichtnutzung nicht nur vor dem Hintergrund der Energieeinsparungen interessant, sondern auch hinsichtlich des Pflanzenwachstums unabdinglich. Pflanzen und Tiere in Gebäuden benötigen Tageslicht, insbesondere wenn ein Aufenthalt im Außengehege nicht möglich ist. In 60 % der Gebäuden werden die Tageslichtanforderungen der Pflanzen und Tiere erfüllt. Dabei wird in 40 % der Gebäuden Tageslicht in fast allen Bereichen genutzt. Vorrangig erfolgt dies durch große Glasflächen, die eine thermische Schwachstelle der Gebäudehülle darstellen.

Lüftung

Für den Gebäudebetrieb sind hinsichtlich der Raumtemperatur und Luftfeuchtigkeit die Bedürfnisse der Tiere und Pflanzen maßgeblich. Diese Parameter sind unter geringen Luftwechseln energieeffizient steuerbar. Eine mögliche Geruchsbildung ist für den Besucher unter Umständen ein beeinträchtigender Faktor. Die differenzierte Belüftung des Besucherbereiches und der Gehegen ist eine Möglichkeit auf die unterschiedlichen Bedürfnisse von Mensch, Tier und Pflanze einzugehen. Momentan wird in nur 13 % der Gebäude die Belüftung der Besucherbereiche und Gehege getrennt voneinander betrieben.

Ergebnis

Eine erste Auswertung der Erhebungsbögen „Energie im Zoo“ lässt folgende Problemschwerpunkte erkennen. Als Gebäudetyp der energetischen „Sorgenkinder“ werden hauptsächlich Tropenhallen und Menschenaffenhäuser angegeben, die ganzjährig ein warm-feuchtes Klima benötigen, da sich die Tiere sehr oft im Gebäude befinden. Die Antworten zeigen einen definitiven Zusammenhang zwischen Gebäudealter/Bauepoche und Bauschäden sowie zwischen Gebäudemängeln und Gebäudeklima/Gebäudetyp auf. Fast Zweidrittel der „energetischen Sorgenkinder“ (73 %) wurden vor 1990 gebaut. Alle Gebäude, die Schäden an der Gebäudehülle oder im Innenbereich aufweisen wurden vor 1990 gebaut. Im Gebäudebestand der Zoos befinden sich zu fast 78 % Gebäude aus der Zeit vor 1990. Für diesen „alternden“ Gebäudebestand bedarf es zunächst einer energetischen Analyse, für die Daten erhoben, erfasst und kategorisiert werden. Darauf aufbauend können zeitgemäße und maßgeschneiderte Lösungen zur Behebung von Gebäudeschäden und zur Reduzierung des Energieverbrauches erarbeitet werden.

Abb. 7: Giraffenhaus Zoo Berlin 1872 (Quelle: Prof. K. Biek, Baer Projekt)

Abb. 8: Giraffenhaus Allwetterzoo Münster (Quelle: BAnTec)

Ausblick

Es wird festgestellt, dass die Analyse der Fragebögen mit den Annahmen und bauphysikalischen Untersuchungen an Bestandsgebäuden kongruent sind. Das Benchmark zweier nutzungsgleicher Sondergebäude aus den 70er Jahren ergibt ebenfalls, dass diese hohe Energieverbräuche aufweisen. Ein Soll-Ist Vergleich zeigt, dass ungedämmte Gebäude, unabhängig von der Nutzungsfläche Sollwerte von rd. 300 kWh/m²*a aufweisen.

Die in den Gebäuden hochkomplexe technische Installation erfordert für den Betreiber spezielle interdisziplinäre Betriebsweisen. Auf der einen Seite muss die Zoologie und Biologie die Anforderungen in der Form definieren, in der eine Adaption der Fauna und Flora Einfluss berücksichtigt wird. Auf der anderen Seite muss, um Energiekosten zu sparen, die Betreibung der Anlagen unter minimalistischen Ansätzen erfolgen. Die architektonischen und baulichen Ansprüche müssen sowohl dem Nutzer (Fauna und Flora) als auch dem Besucher genügen.

Die Gebäude sind immer auch ein Ausdruck des Zeitgeistes. Moderne Sondergebäude bedürfen zeitgemäßer Ansätze, sind regenerativ versorgt, haben natürliche Baustoffe und spiegeln die jeweilige Nutzung wirkungsvoll wieder.

Quellen und Literatur

DIN EN ISO 7730, 1995, Ergonomie der thermischen Umgebung, Beuth Verlag Berlin

DIN V 18599-1/11, 2011, Energetische Bewertung von Gebäuden – Berechnung des Nutz-, End- und Primärenergiebedarfs für Heizung, Kühlung, Lüftung, Trinkwasser und Beleuchtung, - Beuth Verlag Berlin

Biek, K. Prof. Dipl.-Ing., 2011, Innovative Methoden und Verfahren für den Bau und Betrieb von Tier- und Freizeitanlagen- Teil 2, Nachweisverfahren und Methoden für die Auslegung und das Betreiben von Sonderbauten, Teilaspekt: Energieeinsparung und Prozessoptimierung in Tiergehegen, Aufbau eines Grundmodells für eine biologische Wasseraufbereitung, Beuth Hochschule für Technik Berlin, Berlin Deutschland, ISBN: 978-3-8305-1979-9

Biek, K. Prof. Dipl.-Ing., 2010, Innovative Methoden und Verfahren für den Bau und Betrieb von Tier- und Freizeitanlagen, Veröffentlichung im wissenschaftlichen Abschlussbericht der Forschungsassistenzen, FAV an der Beuth Hochschule für Technik Berlin, ISBN: 978-3-410-21517-2

Biek, K. Prof. Dipl.-Ing., 2007, Bau und Betrieb von Tieranlagen, Festschrift 75 Jahre Ingenieurausbildung im Studiengang Gebäude- und Energietechnik; Herausgeber TFH Berlin FB IV, ISBN 978-3-938576-03-8

RIGI-Symposiums 2012

Techniker Tagung 2007-2012

BotanikOnline, Universität Hamburg (www.biologie.uni-hamburg.de/b-online)

Kontakt

Prof. Dipl.-Ing. Katja Biek

Beuth Hochschule für Technik Berlin
Fachbereich IV / Architektur und Gebäudetechnik
Luxemburger Str. 9, 13353 Berlin

Tel: +49 (030) 4504-2535 / Fax: -66 2535
E-Mail: biek@beuth-hochschule.de

Projektbüro:

Forum Seestraße, Raum FS 402
Dipl.-Ing. Arch. Helena Broad, Nora Exner M.Sc.
Seestraße 64, 13347 Berlin

Tel.: +49 (030) 4504-3810 / Fax: -3818

Integration von Geodaten und Daten des Facility Managements zur Verbesserung der Liegenschaftsverwaltung

Prof. Dr. Markus Krämer; Prof. Dr. Petra Sauer
Forschungsschwerpunkt: Geodatenbanken, Building Information Modeling (BIM), Computer Aided Facility Management (CAFM)

Zusammenfassung

Die nachhaltige Bewirtschaftung von Liegenschaften ist für Unternehmen, Städte und Gemeinden von zunehmender Relevanz. Ganzheitliche Ansätze, die Daten des Facility Managements mit Geodaten verknüpfen, versprechen durch neue Informationen einen hohen Nutzen. Im Beitrag wird ein Prozess der Integration von Geodaten mit Daten des Facility Managements über die Schnittstelle der Industry Foundation Classes (IFC) vorgestellt, der im Rahmen des IFAF-Forschungsprojektes ArcoFaMa entwickelt wird.

Abstract

The sustainable management of real estate is for businesses, cities and municipalities an increasingly important factor. Integral approaches that combine data of facility management with geographical data promise through new information a high benefit. In this paper, a process of integration of spatial data with data of facility management through the interface of the Industry Foundation Classes (IFC) is presented, which is developed within the IFAF research project ArcoFaMa.

1. Einleitung

Für Unternehmen, aber auch in Städten und Gemeinden, ist die effiziente Bewirtschaftung von Gebäuden und Liegenschaften bereits seit einigen Jahren zu einer zentralen Aufgabenstellung geworden. Für die Immobilieneigentümer und –nutzer sind bereits heute die Liegenschaftskosten eine enorme Größe. In Unternehmen sind sie nach den Personalkosten mitunter der größte Kostenfaktor. In der Stadt der Zukunft wird damit auch die nachhaltige und effiziente Bewirtschaftung der Liegenschaften ein Kernthema. Dabei kommt dem Facility Management (FM), dessen wesentliche Aufgabe in der Planung, Kontrolle und Bewirtschaftung von Gebäuden, Anlagen und Einrichtungen besteht, nicht nur in der späteren Nutzungsphase der Gebäude eine große Bedeutung zu. Vor allem auch bei einer zukunftsweisenden Konzeption von Gebäudekomplexen und Liegenschaften müssen neue Anforderungen beispielsweise an die Energieeffizienz, ökologische Verträglichkeit, infrastrukturelle Einbindung oder auch verursacht durch den demographischen Wandel der Gebäudenutzer bereits in der Planungsphase mit neuartigen Bewirtschaftungskonzepten und innovativen Dienstleistungsangeboten aufgegriffen werden.

Folgerichtig entwickelt sich das FM aktuell immer stärker von einem eher operativ ausgerichteten zu einem ganzheitlichen, proaktiven Management der Liegenschaften. Mit dieser Sichtweise auf das FM müssen aber auch die hierfür notwendigen Informationssysteme von ehemals bereichsbezogenen, monofunktionalen, recht einfachen Systemen, die mitunter auf Produkten der Office-Pakete beruhten (Excel-Listen etc.), zu integrierten und flexibel erweiterbaren Computer Aided Facility Management -Systemen (CAFM-Systemen) entwickelt werden. Der traditionell bedeutsame Flächen- und Raumbezug von CAFM-Systemen muss dabei zunehmend über den Kontext des Gebäudes auf Außenflächen, die ganze Liegenschaft und z.T. darüber hinaus erweitert werden. Mit dieser Entwicklung nähern sich zukünftige CAFM-Systeme immer stärker den Geographischen Informationssystemen (GIS) an, die dies traditionell bereits tun und z.B. Flächen, Wege und Standorte in intelligenten Karten mit Zusatzinformationen verknüpfen.

Trotz dieser Entwicklung sind jedoch beide Systemkategorien derzeit noch wenig gekoppelt, so dass beispielsweise die Daten zur Lage eines Stromverteilerkastens oder Hydranten im GIS hinterlegt sind, während deren technische Leistungsdaten, Informationen zur Wartung und Störungshistorie separat im CAFM-System vorgehalten werden. Über eine reine flächenbezogene Visualisierung von Objekten des Facility Managements sind bei dieser rudimentären Kopplung von GIS und CAFM kaum verknüpfende Analysen der beiden Datenbestände möglich.

Aus der erweiterten Integration von Geodaten, CAD-Daten des Vermessungswesens und gebäudebezogenen Sachdaten aus CAFM-Systemen wird deshalb ein großer Mehrwert resultieren. Mit einer integrierten Sichtweise auf GIS und CAFM können neue Informationen abgeleitet werden und damit operative FM-Prozesse beschleunigt werden, wie z.B. die Abwicklung einer Störungsmeldung eines Stromverteilers durch schnelle und direkte Visualisierung der Lage des Verteilerkastens im Gebäude. Aber auch Wartungseinsätze können effizienter geplant werden, in dem Maßnahmen an benachbarten Objekten in der Einsatzplanung berücksichtigt werden. Ansatzpunkte für innovative Funktionalitäten von CAFM-Systemen, die aus der Integration mit georeferenzierten Daten resultieren sind beispielsweise

- die Standortanzeige von Objekten,
- Rundgangs- bzw. Routenplanung,
- Distanzberechnung zwischen Objekten,
- Umkreissuche von Objekten,
- Berechnung des kürzesten Weges für Rundgänge,
- Zoomfunktionalität.

Darüber hinaus erschließt die Kopplung von GIS- und CAFM-Daten aber auch über das FM hinausgehende Anwendungsfelder, indem beispielsweise weitere Nutzer, wie z.B. Besucher, zur Orientierung neben geografischen Informationen zur Liegenschaft auch durch gebäudebezogene Informationen geführt werden können.

Ein Ansatz zur Integration von Geodaten und Daten des Facility Managements wird nachfolgend in Form einer Prozessbeschreibung dargestellt. Als Anwendungspartner fungiert der Botanische Garten Berlin.

2. Stand der Entwicklung und Forschung

Bisher scheitert ein breiter Einsatz von Geodaten im Facility Management in aller Regel an den hohen Schnittstellenkosten durch fehlende Standards beim Datenaustausch mit zumeist zahlreichen Einzelanwendungen. Auch ist der Aufwand für die Datenakquisition (Ersterhebung) von Geodaten und deren sachgerechte laufende Pflege in unterschiedlichen Anwendungssystemen personell kaum beherrschbar. Insofern wird insbesondere ein Ansatz tragfähig sein, der bereits erfasste Geodaten neuen Prozessen, hier dem Facility Management, zugänglich macht.

Die Geodaten müssen dazu in einem Format vorliegen, die sie durch andere Systeme einfach zugreifbar machen lässt. Seit dem SQL-Standard 2003 ist die Arbeit mit dem Objekttyp GEOMETRY für Geodaten in objektrelationalen Systemen geregelt. Es existiert damit eine einheitliche Basis für die Implementierung in den Datenbankmanagementsystemen (DBMS) und zahlreiche Hersteller, wie Oracle, IBM, Sybase oder Microsoft, bieten Geodatentypen in ihren Systemen an. Auch im OpenSource-Bereich existiert mit PostGIS eine seit Jahren anerkannte Plattform für die Verwaltung von Geodaten. Im Bereich der GIS-Systeme ebnet der OGC-Standard den Übergang zu offenen GIS, die verteilte, interoperable Dienste anbieten und die Datenbankstandards unterstützen.

Auf der Seite der CAFM-Systeme dominieren noch herstellerspezifische Schnittstellen zur Kopplung von geometrischen Daten aus CAD-Plänen mit alphanumerischen Daten der CAFM-Systeme (CAD-CAFM-Kopplung). Der Datenaustausch erfolgt zumeist auf Basis der durch die Firma Autodesk geprägten Industriestandards DXF (ASCII-Format) oder DWG (Binärformat) und

ist in der Regel auf wenige Informationen begrenzt (z.B. gebäudebezogene Flächeninformationen). Unter dem Begriff „Bauproduktmodell“, „virtuelles Gebäudemodell“ oder zunehmend „Building Information Modell (BIM/openBIM)“ wird eine universelle, fachgewerksübergreifende Bereitstellung eines konsistenten Informationsmodells zum Datenaustausch zwischen allen beteiligten Projektpartnern und Softwareprodukten entlang des Gebäudelebenszyklus vom Gebäudeentwurf bis zum Betrieb (FM) verstanden. Aufbauend auf dem etablierten Format zum Austausch von Produktdatenmodellen (STEP) wurde durch die Industrieallianz Interoperabilität IAI (seit 2010 in Deutschland buildingSMART e.V.) die nunmehr international als ISO-Standard 16739 registrierten Industry Foundation Classes (IFC) entwickelt. In diesen steht mit dem „IFC View Facility Management Bestandsdaten (IFC View FM)“ ein herstellerneutraler Standard zur Übergabe von Bestandsdaten aus der Bauprojektphase an die Bewirtschaftung zur Verfügung.

Erste Untersuchungen der praktischen Eignung der IFC zum Datenaustausch von BIM mit CAFM (BIM-CAFM-Kopplung) im Rahmen der Forschungsinitiative ZukunftBau, gefördert durch das Bundesamt für Bauwesen und Raumordnung (BBR), können als ermutigend bezeichnet werden [Hie 08], zeigen aber auch die Notwendigkeit einer Weiterentwicklung der Norm, z.B. im Bereich des Austausches technischer Bewirtschaftungsdaten [Hau 08]. Im Bereich der Koppelung von BIM mit GIS (BIM-GIS-Kopplung) ist das Projekt „CI-3 IFC for GIS“ (IFG) hervorzuheben [BIM 11] das durch den norwegischen Staat (Norwegian Strate Planning Authority) vorangetrieben wird und sich auf den Austausch von CAD mit GIS über den IFC-Standard in der Entwurfs- und Planungsphase konzentriert (CAD/BIM-GIS-Kopplung). Zusammenfassend ist festzuhalten, dass die IFC sich als offener und universell erweiterbarer Standard sehr gut für den geplanten Austausch von Geodaten mit dem FM-Bereich eignet. Allerdings liegen bisher noch keine Untersuchungen oder praktischen Implementierungen über den direkten Austausch von GIS-Daten mit CAFM-Systemen über den IFC-Standard vor (GIS-CAFM-Kopplung).

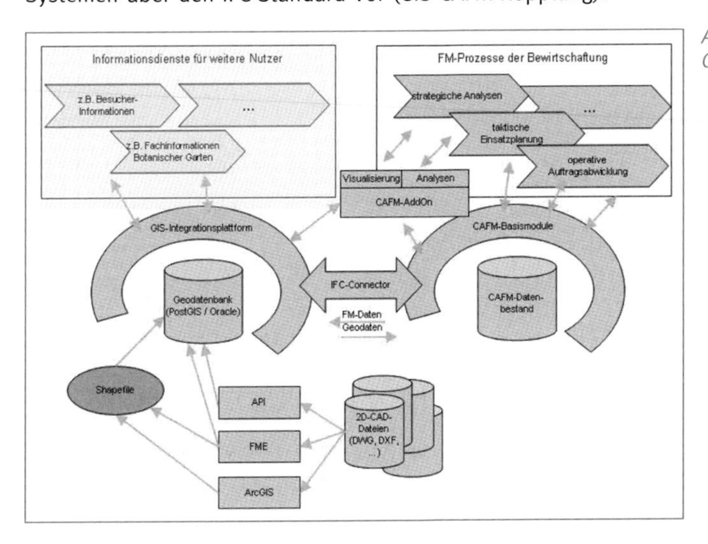

Abb. 1: Integrationsprozess CAD- und CAFM-Daten

3. Prozessbeschreibung der Integration und Systemarchitektur

Der hier vorgestellte Ansatz zur Integration von Geodaten mit Daten des Facility Managements geht davon aus, CAD-Daten für die Ableitung von Geodaten nutzbar zu machen. CAD-Daten repräsentieren damit eine Seite des zu integrierenden Datenbestandes. Der Ausgangsdatenbestand auf Seiten des Facility Managements resultiert aus Daten von CAFM-Systemen. Um die flächenbezogenen Daten aus den CAD-Daten verfügbar zu machen, werden diese in ein offenes Geodatenformat transformiert. Um die Daten der CAFM-Systeme verfügbar zu machen, sollen diese über den offenen IFC-Standard transportiert werden (bidirektionaler IFC-Connector).

Hierfür werden die im CAFM enthaltenen Objekt-Kataloge mit den geeigneten IFC-Klassen und -Properties des FM-Views und den in der Geodatenbank ermittelten Objekten abgeglichen. Demnach finden zunächst auf beiden Seiten Transformationsprozesse statt, um die zu integrierenden Daten in offenen Formaten zu halten, die eine anwendungssystemunabhängige Integration ermöglichen. Zur Integration wird eine Integrationsplattform auf Basis einer Graph-Datenbank genutzt, die die Metadaten der zu integrierenden Datenbestände hält und diese in Form von netzwerkartigen Strukturen abbilden kann.

4. Fazit

Erst eine gemeinsame Datenhaltung von georeferenzierten Daten und FM-bezogenen Fachdaten verspricht den Aufwand zur Datenakquisition und -pflege bei Änderungen auf der Seite des CAFM-Systems oder der Geodatenbank beherrschbar zu machen. Das Forschungsvorhaben ArcoFaMa leistet mit einer offenen Infrastruktur zum wechselseitigen Zugriff auf diese Daten einen wichtigen Beitrag, um Geodaten auch im Alltag der FM-Prozesse in Planung und Abwicklung zu nutzen. Die konsequente Anwendung offener Standards soll dabei auch den Austausch von Software-Produkten unterschiedlicher Hersteller, beispielsweise auf Seiten der CAFM-Systeme, fördern und bestehende Arbeiten auf diesem Gebiet vorantreiben. Zudem öffnet ein konsistenter übergreifender Datenbestand zukünftig weiteren Nutzern über spezialisierte Informationssysteme neue Anwendungsszenarien, die über das Facility Management hinausgehen. Auch dadurch erscheint der Aufwand zum Aufbau der vorgestellten Infrastruktur gerechtfertigt.

Mit der weiteren gewerkeübergreifenden Verbreitung des IFC-Standards für Building Information Models (BIM) in der Praxis von Planung und Abwicklung komplexer Bauvorhaben ist zukünftig eine immer bessere digitale Datenlage zu erwarten. Für die Stadt der Zukunft eröffnet die vorgestellte Kopplung von Geodaten, FM-Fachdaten und BIM, zukünftig Bewirtschaftungskonzepte und -kosten bereits in der Entwurfsphase nicht nur bezogen auf einzelne 3D-Gebäudemodelle, sondern eingebettet in deren Umgebung zu simulieren.

Literatur

[BIM 11] buildingSmart international: CI-3 Industry Foundation Classes for GIS (IFG), http://buildingsmart-tech.org/future-extensions/ifc_extension_projects/current/ic3 (9.Juni 2011)

[Hie 08] Hieke, S.; Liebich, T.; Weise, M.: Modellbasierter Datenaustausch von alphanumerischen Gebäudebestandsdaten (nach BFR GBestand) mit der produktneutralen Schnittstelle IFC, Endbericht Forschungsinitiative ZukunftBau, 2008.

[Hau 08] Hausknecht, K.; et. al: Optimierung und Auswertung eines 3D-Gebäudedatenmodells (Basis IFC) für das Facility Management, Projektbericht Forschungsinitiative ZukunftBau, 2008.

[Heu 10] Heuschkel, Steffen; Sauer, Petra; Herrmann, Frank: Management von Geo- und Standortdaten in Freizeitanlagen mit Oracle-Technologien. DOAG-Konferenz, Nürnberg, 2010;

Kontakt

Prof. Dr. Markus Krämer
Hochschule für Technik und Wirtschaft Berlin
Wilhelminenhofstraße 75A, 12459 Berlin
Tel.: +49 (030) 5019-4236
E-Mail: markus.kraemer@htw-berlin.de

Prof. Dr. Petra Sauer
Beuth Hochschule für Technik Berlin
Fachbereich VI / Informatik und Medien
Luxemburger Str. 10, 13353 Berlin
Tel.: +49 (030) 4504-2691
E-Mail: sauer@beuth-hochschule.de

Predictive Analysis on Smart-Apps:
Predicting Citizen Behavior and the MOMO Project

Prof. Dr. Stefan Edlich; Mathias Vogler; Norbert Maibaum

Kurzfassung

Das MOMO Project beinhaltet sowohl Mobile Computing als auch ECO Mobilität. Das Projekt aus welchem hier Forschungsergebnisse vorgestellt werden, ist ein Teilprojekt des Mobile Computings. Konkret werden dort sogenannte Smart-Apps für Smartphones entwickelt, mit denen Anwenderdaten gesammelt, aufbereitet und zentral oder dezentral verarbeitet werden können. Dabei geht es um jede Art von Personen oder Besucherdaten wie z.B. für Massenveranstaltungen oder allgemeine Besucherströme, wie z.B. Konzerte, Freizeitparks oder öffentliche Gebäude. Ziel der Anwendungen ist es, diese Datenströme zu filtern, aufzubereiten, zu visualisieren und intelligente Vorhersagen und Empfehlungen betreiben zu können.

Abstract

The MOMO Project consists of the parts Mobile Computing and ECO Mobility. We present research results from a subproject of the Mobile Computing part. In particular we develop Smart-Apps for modern smartphones. These applications gather data from the owners to be filtered and processed central or distributed. The applications target persons or streams of visitors at events as e.g. concerts, amusement parks or any other official buildings. Smart Apps will work up this data, visualize it and most of all allow an intelligent prediction of the user's behavior together with recommendations.

Introduction

The MOMO Project [Mom 12] itself resulted from a large research project named the BEAR project that was dealing with new IT infrastructures for visitors of recreation parks like Botanischer Garten, Technisches Museum Berlin, Zuse-Austellung etc. IT Service Points and learning environments have been developed for this project to foster a better experience and information delivery for visitors. The MOMO project itself is a logical consequence from this project supporting the further use of ideas made in the first project. ECO Mobility deals with modern technologies to charge electric cars, new propulsion technologies and efficient management of accumulators. The second part deals with modern mobile computing solutions as indoor-navigation and better information provisioning with mobile applications. Beside many industrial partners, several practical tools have been delivered to prove the use of modern location based apps [Pla 12].

Within this project the authors of this paper decided to open a subproject called 'smart apps 4 MoMo'. The overall goals have been the following:

1. Investigate the use of modern NoSQL databases within the context of smart apps and location based applications
2. Gather user information and make smart predictions of user behavior
3. Based on this data make recommendations for the user and for the 'owner' of a location
4. Search for new ways of data visualization in this context.

Nevertheless the main focus was on point 2. Being able to make predictions of user behavior based on arbitrary or self-defined questions / requirements looked promising enough to investigate.

Related Work

The entire project is a combination of well-known research fields in the area of mobile apps and machine learning if looking at point 2 and 3 alone. On the client mobile side we do not investigate many new technologies here. This is basic mobile development for Android devices (and iPhone in MoMo too). Of course some visualization aspects have been tricky but we describe the visualization approach later in the paper. Nevertheless some rapid prototype tools had been evaluated for prototyping as the MIT App Inventor [App 12] and some others (PhoneGap, basic4app, etc.).

The Prediction and Recommendation Part is based on the huge foundation of the research area of machine learning [Kay03][Has 09][Ng 12]. Furthermore we see many toolkits emerging and Machine Learning as a service. Well known samples are the Mahout Library [Mah 12], the Google Prediction API [Gpa 12] and BigMl [Big 12]. The combination of these research areas is showing a huge potential and is hence addressed by nearly all key-players as e.g. Google. The following video [You 11] is a good example mentioning – among other things - a smart app that shows a nearby location in New York City where the probability to see a taxi is maximal.

Designing the Smart App

At the beginning some Use-Cases were needed which are able to show the wide range of scenarios for people visiting e.g. amusement parks.
We decided to go for the following two at first:

1. Determine the next location or give a recommendation for the next location
2. How long will the visitor reside on this location?

Additionally every application needs additional information feeds as:

1. Where are my friends / relatives?
2. What background information is now relevant for me?

Together with optional quizzes or playing applications these examples have been the basis for the tools we developed. Of course it was an important requirement to add user-defined requirements, i.e. analyses, predictions and recommendations. Additionally implementing and adding them into a modular system was a major requirement.

Data Model and Server Side Tasks

There have been two main categories of data that must be acquired within the smartphone application:

1. Automatic Data: smartphone type, os, location, day, time, id, etc.
2. Core data: name, email, pwd, gender, age, address, etc.

This data can be completed by external sources like weather service records. Beside this we have been able to identify over a dozen categories for clustering: gender, age, (travel-) group, social status, intended visit time, character, handicap, interests and profession. This is crucial for an analysis later on and the determination of treats / influence factors for a certain behavior as we show on the next pages.

In a scenario of a server side evaluation of the data we had to build: a) a user management, b) the core data management, c) the module to analyse the data, d) the CMS integration together with the interfaces to other systems, control logic and the user interface.

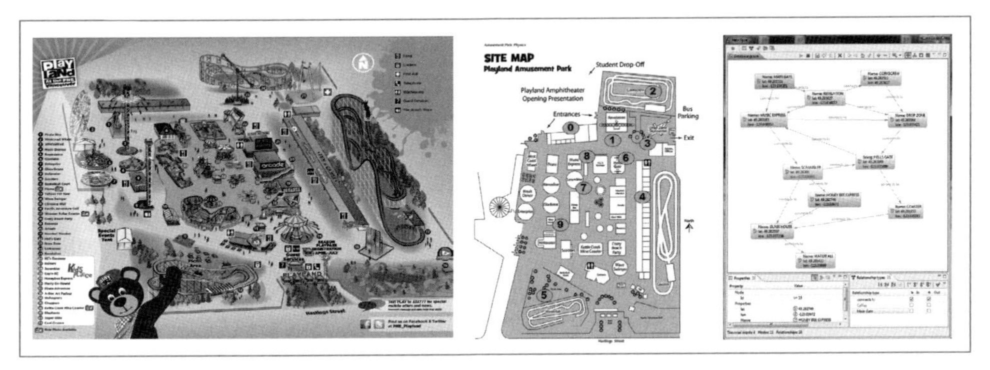

Fig. 1: Playland Parc Vancouver *Fig. 2: The Simplified model* *Fig. 3: Location Data in Neo4j*

First Prototype

For the first prototype we started with a random amusement park and a simplified model. As you can see in the pictures 1 and 2 the initial place had been reduced from about 40 to 10 locations.

We decided to have the physical Geo-Locations – for e.g. the 'Honey Bee Express' with `lat 49.282746 lon: -123.03672` – of attractions and persons to be held in a graph database. This allows applying more sophisticated algorithms to search for as Dijkstra and derivatives. Nevertheless our data could also be handled with PostGIS or any relational database, as graph databases have a strong advantage in performance mostly above 10^6 to 10^9 nodes.

Smart App Results

The implementation of the client / smartphone side data gathering had been straightforward and easy. Still we are facing security problems everywhere. The first issue is that you can only gather user related data when the user agreed to the storage of this personal data. This might be one of the easier tasks to overcome as you can request to do so at the point where:

1. The user downloads the app
2. The user at a specific GEO-location scans a QR Code or enters a WIFI or any other zone where the smartphone can be detected.

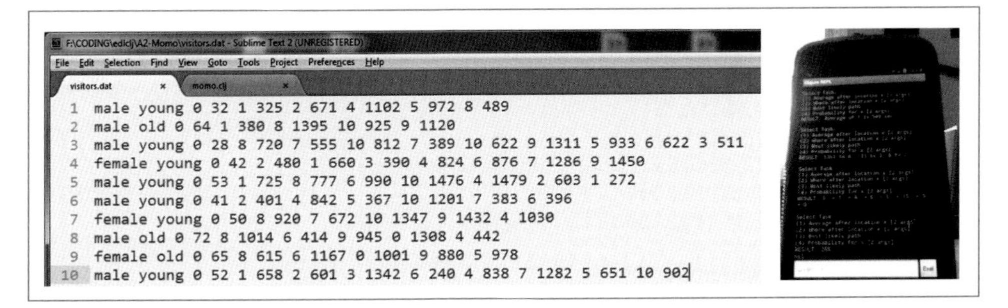

Fig. 4 Sample User Data *Fig. 5: Sample Application*

If any of these cannot applied, one has to think about an anonymization process on the smartphone itself. And furthermore the entire data processing on the smartphone itself, which leads to some enormous restrictions in the entire application architecture. We decided to request the anonymous collection of data together with a centralized processing in the first step. Thus we initially collected simple data from the user and restricted the categories to two at first.

In picture 4 you can see the two categories from the initial version which are 'gender' and 'age' whereby the age has been clustered to young and old only. This can easily be extended to the 12 attributes described in the data model section. Furthermore we have pairs of locations and durations in seconds. In this – perhaps trivial example - the demo app (see picture 5 without any fancy GUI) now gave the answer to the following questions:

1. The average location duration s 549 seconds.
2. After location 1 the visitors go to: `1351 to 8 = Music Express, 133 to 3 = Drop Zone, 8 to 2 = Corc Screw`
3. The most likely visitor path is: `Eingang -> Revelation -> Music Express -> Hells Gate -> Waterfall -> Honeybee -> Ausgang`
4. The overall probability of visiting the glass house is 26%

Of course these results can be obtained using standard statistical measurements and still comprise no magic after all. The real value comes when you do recommendations or apply real machine learning algorithms. The former case becomes really interesting if you obtain user ratings of GEO-locations and the respective objects in the amusement parks and treat the visitors as shopping customers. In this case you can apply many more well-known classification and clustering algorithms beside the standard decision tree algorithms. But even the classical decision-tree model can be applied here to gain more insights: The walks of the visitors can be regarded as trees and the interesting part also is to determine the most influential parameters. As medicals try to figure out the most important influence factors for cancer as drinking or smoking we can do the same here. Calculating the most important influence factor for a visit of a specific object / attraction can lead to a better guide through the park or a better information supply. Of course one might see this as a downside because this information is highly valuable for commercial companies providing specific ads or products on the way. To determine the influence of an attribute we can transform this problem into the information that the attribute provides to the entire dataset. The entropy can simply be derived by

$$H(X) = \sum_{i=1}^{n} p(x_i)\, log_2 p(x_i)$$

and calculated by as small algorithm [Har12] :

```
from math import log
def ca lcShannonEnt (dataSet ) :
 numEntr ies = len(dataSet)
 labelCounts = {}
 for featVec in dataSet :
   currentLabel = featVec[-1]
   if currentLabel not in labelCounts.keys() :
labelCounts[currentLabel]=0
      labelCounts[currentLabel] += 1
      shannonEnt = 0.0
 for key in labelCounts:
   prob = float (labelCounts[key])/numEntries
   shannonEnt -= prob * log(prob,2)
 return shannonEnt
```

Results and Outlook

A sample result would be that the cluster of young people with smartphones in a group is not likely to visit e.g. the historical part of a park. This looks obvious but an extensive analysis of huge datasets usually lead to interesting insights that will highly influence the design of a park or a location, the information supply chain and recommendations for the visitor. It also helps to focus on relevant clusters of visitors if this is helpful or intended. A last important use-case could also be predicting user-behaviour in case of emergency.

In this paper we showed that a general recommendation and prediction system on mobile devices and for amusement parks is possible and the effort is appreciable. Security and the extensibility of this system had been the most influential factors in the design of such an app. In the future it should be possible for any location manager to download the client smart-app and the server side application and get it installed fast. If then the infrastructure is being build up – as download the app, make the devices location aware and establish the communication bridges – the team will be able to create new analytic modules, deploy them and get the results.

Two concluding remarks:

1) Instead of implementing the functionality at the server-side we are currently investigating to enable MLaaS Services (Machine Learning as a Service) in this scenario. In this case the anonymous data has to be uploaded and analyzed in the web. This fits extremely well for bigml.com as they show the data as a tree. Furthermore bigml allows live manipulation of trees and attributes to easily determine the most influential attributes of visitors in the park (or in this case visitors of sights in Berlin. See Abb 6). We are in close contact with the bigml.com founders to foster the development of other models that suit our use-cases to be implemented as a service too.

ML as a Service

2) Visualization of the core data and the generated data is highly difficult and we decided to avoid building native solutions here. Instead we were happy to make usage of the API provided by Google Fusion Tables. This service basically comprises Google Charts and Google Maps and is thus a perfect candidate to handle our GEO data and all other simple infographics needed. Especially visualizing tours, building intensity maps and embedding charts into maps (which we are working on currently) had been proved to be quite useful in our GEO Scenario.

The respective source code can be found at *https://github.com/edlich/smartapps4momo*.

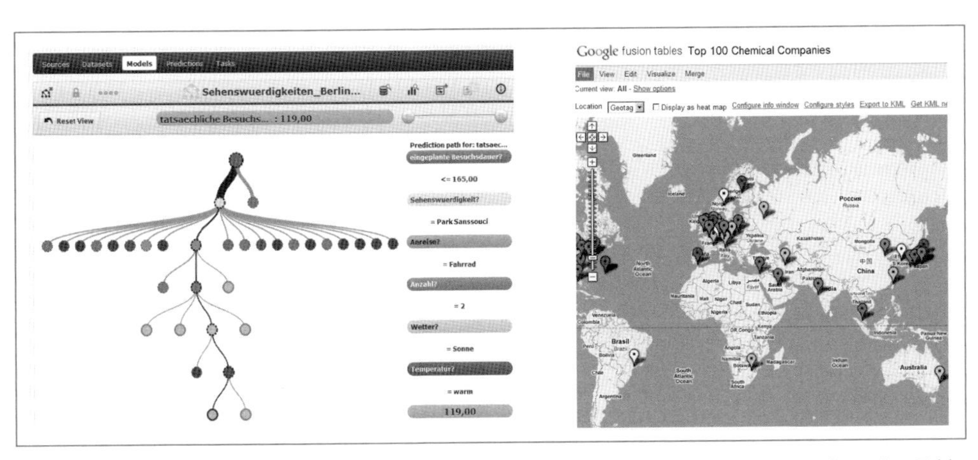

Fig. 6: Machine Learning as a Service

Fig. 7: Vizualisation with Google Fusion Tables

Acknowledgements

The authors would like to thank the 'Europäischen Fond für regionale Entwicklung' (EFRE) for support and funding of this sub project and the entire MOMO Project. Additionally we would like to thank Mrs. Prof. Dr. Görlitz for her profound support.

References

[Mom 11] http://projekt.beuth-hochschule.de/momo (12.10.2012)
[Play 12] https://play.google.com/store/search?q=S+bahn+st%C3%B6rungen (12.10.2012)
[App 12] http://appinventor.mit.edu (12.10.2012)
[Kay 03] David J.C. MacKay: Information Theory, Inference, and Learning Algorithms, Cambridge University Press, 2003
[Has 09] Tevor Hastie, Robert Tibshirani, Jerome Friedman: The Elements of Statistical Learning: Data Mining, Inference, and Prediction, Springer Verlag, Second Edition, 2009
[Ng 12] Andrew Ng: Machine Learning, https://www.coursera.org/course/ml (12.10.2012)
[Mah 12] http://mahout.apache.org (12.10.2012)
[Gpa 12] https://developers.google.com/prediction (12.10.2012)
[Big 12] https://bigml.com (12.10.2012)
[You 11] http://www.youtube.com/watch?v=FJDP_oMrb-w (12.10.2012)
[Har 12] Peter Harrington, "Machine Learning in Action", Manning 2012

List of Pictures:

Abb.1+2 ©Playland Vancouver, http://www.pne.ca/playland/maps-and-directions.html
Abb.3 the Author
Abb. 4+5 the Author
Abb. 6 Norbert Maibaum, Jose A. Ortega Ruiz (bigml.com)
Abb. 7 ©Google Fusion Tables

Kontakt:

Prof. Dr. Stefan Edlich

Beuth Hochschule für Technik Berlin
Fachbereich VI / Labor Online Learning
Luxemburger Straße 10, 13353 Berlin

E-Mail: sedlich@beuth-hochschule.de

Geoinformationssysteme als Entscheidungshilfe für die ambulante medizinische Versorgung auf dem Weg zur gesunden Stadt von morgen.

Prof. Dr. Jürgen Schweikart; Dipl.-Ing. Jonas Pieper
Forschungsschwerpunkte: Geoinformationssysteme, Kartographie, Medizinische Geographie, Gesunde Stadt

Kurzfassung

Das Leben in der Stadt gesünder zu machen, ist eine Aufgabe, der sich Stadtplaner mehr und mehr annehmen. Um dabei kleinräumige Aspekte einzubeziehen, bedarf es der Geoinformationssysteme: Sie stellen ein unverzichtbares Werkzeug dar, um raumbezogene Daten zur Gesundheit zu analysieren und leisten damit einen Beitrag, die urbane Lebensumwelt zu verbessern. Für Berlin wurden Indikatoren entwickelt, die die ambulante medizinische Versorgung kleinräumig bewerten und als Planungsgrundlage verwendet werden.

Abstract

Improving health conditions in cities remains to be one of the key issues for city planers. In order to incorporate small-scale spatial features for future planning, a Geoinformation System is required. The software provides an indispensable tool for analysing spatial data and can be especially effective in the health sector, contributing towards the development of a healthier urban environment. A small-scale indicator has been developed for Berlin, which can assess the healthcare situation in the city. It is a helpful tool that can be used as a basis for city planning.

Einleitung

Die Weltgesundheitsorganisation (WHO) definiert Gesundheit als einen Zustand körperlichen, geistigen und sozialen Wohlbefindens [WHO 86]. Damit hat sie sich vom lange Zeit vorherrschenden Dogma, Gesundheit nur durch die Abwesenheit von Gebrechen und Krankheit zu definieren, abgewendet. Die aktuelle Definition impliziert, dass gesunde Umwelt-, Lebens- und Arbeitsbedingungen Voraussetzung dafür sind, ein gesundes Leben führen zu können.

Spätestens mit dem Gesunde-Städte-Projekt – 1986 von der WHO initiiert – gelangt das Thema „Stadt und Gesundheit“ ins Rampenlicht der Öffentlichkeit. Es ist ein langfristiges internationales Entwicklungsprojekt, dessen Ziel darin besteht, die Gesundheit der Bevölkerung auf die politische Tagesordnung in den europäischen Städten zu bringen und damit eine Lobby für öffentliche Gesundheit in Kommunen aufzubauen. Es ist ein Beitrag, das körperliche, geistige und soziale Wohlbefinden der Menschen zu verbessern.

Mit dem Ziel „gleichwertige Lebensverhältnisse“ zu schaffen, ist es eine Aufgabe der Raumordnung und Landesplanung, gesunde Lebensumwelten herzustellen [ROG 08]. Die aktuelle Diskussion greift vorwiegend den Ärztemangel im ländlichen Raum auf, der durch den demographischen Wandel, die steigende Anzahl von Konsultationen und die veränderten Präferenzen des medizinischen Nachwuchses ihren Beruf auszuüben, entsteht [BÄK 12, Kop 07]. Die Versorgungsprobleme spielen jedoch nicht ausschließlich im ländlichen Bereich eine Rolle. Auch in üblicherweise gut versorgten Städten treten erhebliche räumliche Disparitäten auf [Wal 06].

Geoinformationssysteme (GIS) als Instrument in der Versorgungsplanung

GI-Systeme eröffnen eine große Palette an Werkzeugen. Fast alle Bereiche haben einen Raumbezug und sind somit Thematiken, die raumbezogen analysiert werden können. Dabei beschränken sich die Möglichkeiten nicht darauf, Ergebnisse in Karten zu visualisieren, sondern die Stärke besteht in der Analyse der raumbezogenen Daten. Bedingt durch die Vielfalt der Methoden ist eine neue Denkweise im Umgang mit den Daten verbunden und es eröffnen sich bei der Analyse gesundheitsrelevanter Daten quantitativ und qualitativ neue Dimensionen. Es ist eine der originären Eigenschaften von GI-Systemen, Daten auf thematischen Schichten – auf Layern – abzulegen und zu verwalten. Die Layer werden verschnitten, in Beziehung gesetzt, und mit statistischen Analysen ausgewertet, um Zusammenhänge herzustellen und Raummuster aufzuzeigen [Kis 02, Schw 04].

In der Gesundheit stehen folgende Themenkomplexe im Mittelpunkt [Schw 04]:

- Gesundheitszustand: Mortalität, Prävalenz und Inzidenz von Krankheiten und Gebrechen,
- Gesundheitsrisiken: Einflüsse der natürlichen und anthropogen geprägten Umwelt,
- Gesundheitsversorgung: Verteilung der gesamten medizinischen Infrastruktur,
- Inanspruchnahme: Nutzung der Infrastruktur,
- Kosten: Ökonomische Aspekte der Gesundheitsversorgung,
- Struktur der Zielbevölkerung: Demographische, sozioökonomische und kulturelle Faktoren.

Diese allgemein formulierten Themenfelder im städtischen Umfeld zu analysieren stellt eine besondere Herausforderung dar. Alle Felder der Gesundheit sind komplex und erfordern eine umfangreiche Datenaufnahme und Modellierung. Dazu gehören Faktoren wie Lärm oder Emissionen, die die Gesundheit beeinträchtigen, ebenso wie der Zugang zu Sport, Bewegung oder zu Einrichtungen der Gesundheitsversorgung.

Potenziale kleinräumiger Planung

Tritt ein Problem mit der Gesundheit ein, ist ein ambulant tätiger Hausarzt in der Regel der erste Anlaufpunkt eines Patienten. Daher spielt die Versorgung mit hausärztlich tätigen Ärzten und deren Erreichbarkeit eine zentrale Rolle. Räumliche Disparitäten von ambulant tätigen Ärzten sind weltweit zu beobachten. Dabei können die Unterschiede sowohl großräumig als auch kleinräumig nachgewiesen werden. Die Prozesse und Muster, nach denen sich die Ärzte im Raum verteilen, sind sich weitgehend ähnlich. In allen untersuchten Ländern, reich und arm, wird von einer höheren Arztdichte in städtischen und wohlhabenderen Gebieten berichtet [Dus 06].

Die ambulante ärztliche Versorgung wird durch die Bedarfsplanungs-Richtlinien geregelt. Zu Beginn der 90er Jahre eingeführt, ging es in erster Linie darum, den ständig steigenden Niederlassungen von Ärzten und damit einer Überversorgung entgegenzuwirken. Auf der Grundlage von Einwohner-Arzt-Relationen konnten Planungsbereiche für die weitere Zulassung von Ärzten gesperrt werden [Schö 07]. Inzwischen ist die Erkenntnis gereift, dass die in der Bedarfsplanung verwendeten Raumordnungseinheiten heute ungeeignet sind, um die Versorgung zu steuern. Dies wird am Beispiel Berlins besonders deutlich, das im Juni 2003 zu einem Planungsbereich zusammengefasst wurde. Seither haben sich die räumlichen Unterschiede im Zugang zur ambulanten Versorgung vergrößert. Außerdem hat sich gezeigt, dass sich Ärzte in Berliner Stadtgebieten mit günstiger Sozialstruktur im Allgemeinen signifikant häufiger nieder-

lassen [Pie 11]. Infolgedessen hat die Kassenärztliche Bundesvereinigung (KBV) ein Konzept zur Neuausrichtung der Bedarfsplanungs-Richtlinien vorgestellt, das unter anderem eine Neugliederung der Planungsbereiche vorsieht [KBV 12].

Mit kleinräumigeren Ansätzen, die mittlerweile von allen beteiligten Akteuren gefordert werden, ließe sich eine wohnortnahe medizinische Versorgung sicherstellen. Es wird nach Methoden und Anwendungen gesucht, um Versorgungsrealitäten kleinräumig zu bewerten und damit Entscheidungsprozesse optimal zu unterstützen. Ein Ansatz ist es, Versorgungsindikatoren zu entwickeln. Um die ambulante medizinische Versorgung in Berlin zu untersuchen, wurde ein Indikatorenkatalog entwickelt, der Aussagen zu arztgruppenspezifischen Versorgungslagen zulässt. In einem Modellprojekt mit der Kassenärztlichen Vereinigung Berlin (KV Berlin), wird ein GIS für den Planungsbereich Berlin aufgebaut, um diese Indikatoren anzuwenden.

Die Indikatoren verwenden die adressgenauen Praxisstandorte der über 9000 ambulant tätigen Ärzte. Als Bevölkerungsstandorte werden die Flächenmittelpunkte der Berliner Wohnblöcke verwendet, von denen es über 12 000 gibt. Über das Straßen- und Wegenetz werden Arzt- und Bevölkerungsstandorte in Beziehung gesetzt und reale Wegezeiten ermittelt. Abbildung 1 visualisiert einen Indikator, der für jeden Block den Gehweg in Minuten zum nächstgelegenen Kinderarzt zeigt. Solche Karten stehen für ganz Berlin sowie für 15 verschiedene Arztgruppen zur Verfügung.

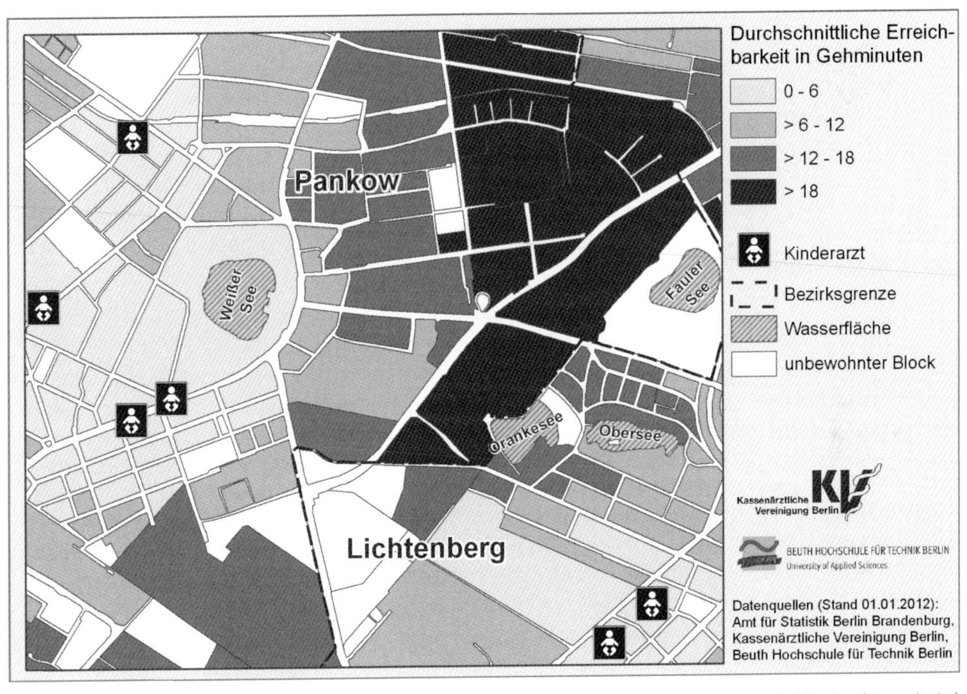

Abb. 1: Versorgungsindikator „Nächstgelegener Kinderarzt" auf Basis der Berliner Wohnblöcke (Ausschnitt)

Einzugsbereiche zu berechnen eröffnet weitere Möglichkeiten zur Analyse. Dabei gilt es abzuschätzen, welche Entfernungen zu einem Arzt in Berlin als zumutbar gelten. Die Operationalisierung des Begriffes „zumutbare Entfernung" ist insofern schwierig, da er von örtlichen Gegebenheiten und individuellen Einflüssen, wie der Wahl des Verkehrsmittels, abhängig ist [Schw 10]. Grundsätzlich ist es in GI-Systemen möglich, Einzugsbereiche auf Basis von Gehwegen, PKW-Reisezeiten oder Reisezeiten mit dem ÖPNV zu modellieren. Arztgruppenspezifische Einzugsbereiche zu verwenden wäre ein Weg, die Methode zu verfeinern. In Abbildung 2 ist beispielhaft ein Einzugsbereich, ausgehend vom Flächenmittelpunkt eines Wohnblocks, auf der Basis von 15 Gehminuten dargestellt. Solche Einzugsbereiche werden für jeden Block in Berlin berechnet, so dass ermittelt werden kann, wie viele Ärzte einer Arztgruppe, ausgehend von einem Wohnblock und innerhalb von 15 Minuten zu Fuß, erreichbar sind. Die Anzahl der jeweils erreichbaren Ärzte wird von der KV Berlin als zweiter Indikator zur Bewertung der ambulanten Versorgungssituation verwendet.

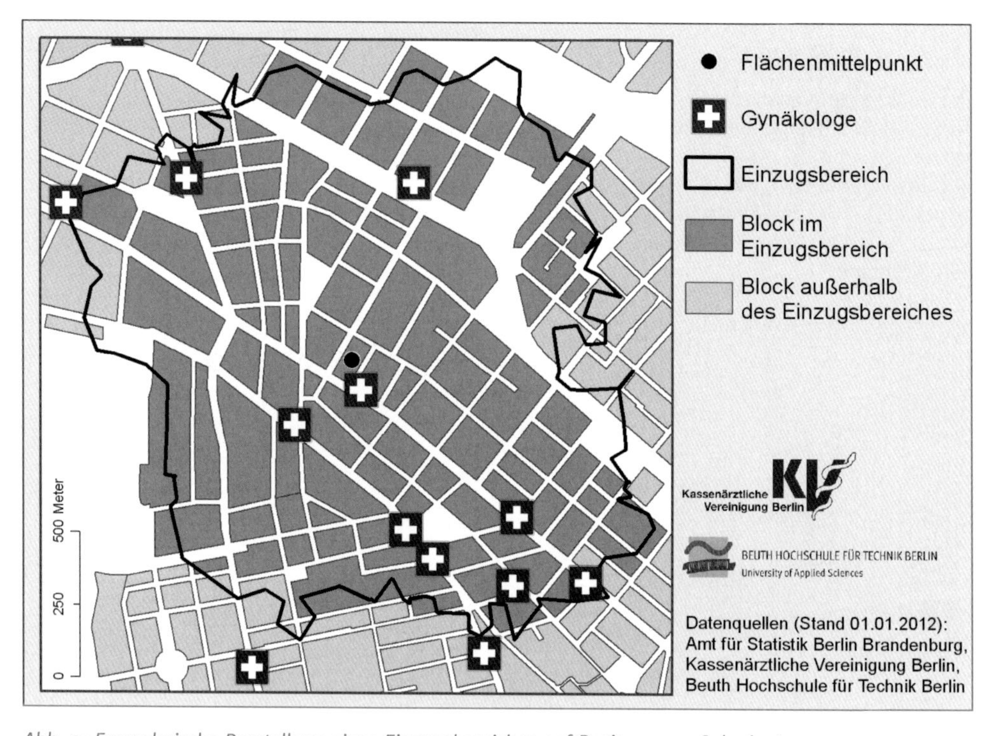

Abb. 2: Exemplarische Darstellung eines Einzugsbereiches auf Basis von 15 Gehminuten

Wird die Bevölkerung innerhalb der jeweiligen Einzugsbereiche bestimmt, kann ein dritter Indikator berechnet werden: Der Versorgungsgrad, der die Anzahl der erreichbaren Ärzte in Relation zur Wohnbevölkerung der Einzugsbereiche setzt. Abbildung 3 zeigt eine Karte dieses Indikators für Berlin auf der Ebene der Planungsräume.

Alle Indikatoren werden grundsätzlich auf Blockbasis (Einzugsbereichsbasis) berechnet, können jedoch für beliebige Raumgliederungstypen einwohnergewichtet zusammengefasst werden. Dargestellt ist der Versorgungsgrad für Psychotherapeuten, der sich nach den Vorgaben der Bedarfsplanung aus den Arzt-Einwohner-Relationen in den Einzugsbereichen berechnet. Ein Versorgungsgrad von 100 % ist das Ziel. Ist er unter 50 % wird von einer Unterversorgung gesprochen; bei mehr als 110 % von Überversorgung. In der derzeit angewandten Bedarfsplanung werden administrative Einheiten für die Berechnung von Versorgungsgraden verwendet. Versorgungsbeziehungen über die administrativen Grenzen hinaus werden nicht berücksichtigt. Der Ansatz der „Gleitenden Einzugsbereiche" ist unabhängig von diesen Grenzen und verwendet reale Einzugsgebiete für die Modellierung.

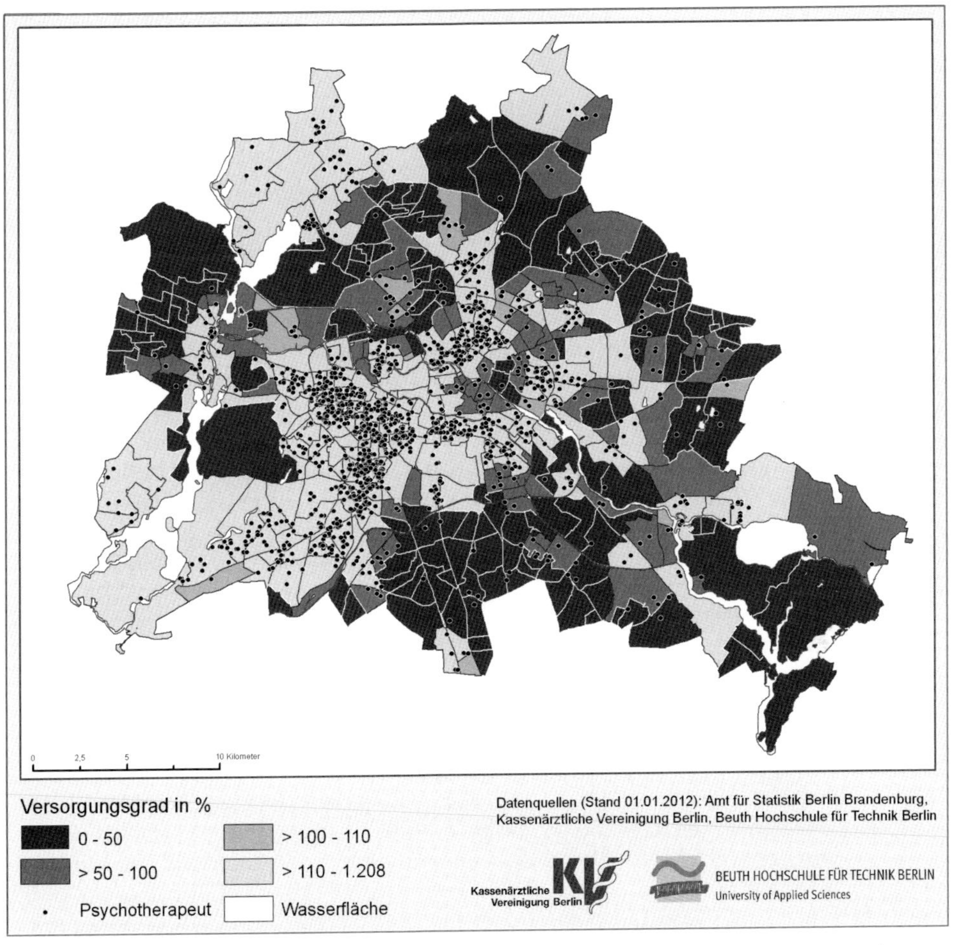

Abb. 3: Versorgungsindikator „Gleitende Einzugsbereiche" für Psychotherapeuten, einwohnergewichtet gemittelt auf der Ebene der Planungsräume

Fazit

Der Raum spielt in der Gesundheitsversorgung zunehmend eine stärkere Rolle in regionalen Entwicklungsprozessen [Löw 09]. Insbesondere die kleinräumige Betrachtung hat an Bedeutung gewonnen und wird zunehmend als Chance erkannt, Planungsprozesse für die gesunde Stadt von morgen zu verbessern.

Durch ein GIS werden z. B. in Berlin Grundlagen geschaffen, zukünftig raumbezogene Kriterien bei der Vergabe von Arztsitzen zu berücksichtigen. Es können spezielle fachärztliche Erfordernisse oder bevölkerungsspezifische Besonderheiten einbezogen werden. Thematische Karten zur Visualisierung der Analyseergebnisse sind die Schnittstelle zwischen GIS und Entscheider. Weitere Daten aus dem Arztregister, wie die Abrechnung vertragsärztlicher Leistungen oder Daten der Qualitätssicherung, können mit den geokodierten Daten verknüpft werden. Dadurch werden weitere Aspekte für die raumbezogene Analyse verfügbar gemacht.

Literatur

[BÄK 12] Bundesärztekammer: Ergebnisse der Ärztestatistik zum 31. Dezember 2011: Kein Widerspruch – Ärztemangel trotz steigender Zahlen; http://www.bundesaerztekammer.de/page.asp?his=0.3.10275 (abgerufen am 09.10.2012).

[Dus 06] Dussault, Gilles; Franceschini, Maria Cristina: Not enough there, too many here: understanding geographical imbalances in the distribution of the health workforce. Human Resources for Health 2006, 4-12, 2006.

[KBV 12] Kassenärztliche Bundesvereinigung: Neue Bedarfsplanung: Wo das Land Ärzte braucht; http://www.kbv.de/40983.html (abgerufen am 09.10.2012).

[Kis 02] Kistemann, Thomas; Dangendorf, Friederike; Schweikart, Jürgen: New Perspectives on the use of Geographical Information Systems (GIS). In: Environmental Health Sciences. International Journal of Hygiene and Environmental Health 205, 169-181, 2002.

[Kop 07] Kopetsch, Thomas: Dem deutschen Gesundheitswesen gehen die Ärzte aus! Studie zur Altersstruktur-und Arztzahlentwicklung. 5. aktualisierte und komplett überarbeitete Auflage, Bundesärztekammer und Kassenärztliche Bundesvereinigung, Berlin, 2007.

[Löw 09] Löwer, Markus: Regionale Gesundheitsversorgung in einer alternden Gesellschaft - ein Beitrag zur nachhaltigen Regionalentwicklung. In: Gottwald, M. & M. Löwer (Hrsg.): Demografischer Wandel - Herausforderung und Handlungsansätze in Stadt und Region. Münster, 95-106, 2009.

[Pie 11] Pieper, Jonas; Schweikart, Jürgen: Sozialstruktur und ambulante Gesundheitsversorgung im urbanen Raum am Beispiel Berlins. In: Strobl, J., Blaschke, T. & G. Griesebner (Hrsg.): Angewandte Geoinformatik 2011. Beiträge zum 23. AGIT-Symposium Salzburg. Heidelberg: Wichmann, 294-299, 2011.

[ROG 08] Raumordnungsgesetz vom 22. Dezember 2008 (BGBl. I S. 2986), das zuletzt durch Artikel 9 des Gesetzes vom 31. Juli 2009 (BGBl. I S. 2585) geändert worden ist; http://www.gesetze-im-internet.de/bundesrecht/rog_2008/ gesamt.pdf (abgerufen am 09.10.2012).

[Schö 07] Schöpe, Pascal; Kopetsch, Thomas; Fülöp, Gerhard: Bedarfsgerechte Versorgungsplanung – Entwicklung eines Modells zur Bestimmung zwischenstandörtlicher Versorgungsbeziehungen zur Sicherstellung einer flächendeckenden und bedarfsgerechten ambulanten vertragsärztlichen Versorgung. In: Strobl, J., Blaschke, T. & G. Griesebner (Hrsg.): Angewandte Geoinformatik 2007. Beiträge zum 19. AGIT-Symposium Salzburg. Herbert Wichmann Verlag, Heidelberg, 691–702, 2007.

[Schw 04] Schweikart, Jürgen: GIS – ein Modell der Welt mit Raumbezug. Grundlagen der Geoinformationssysteme. In: Schweikart, J. & Th. Kistemann (Hrsg.): Geoinformationssysteme im Gesundheitswesen, 17-36. Heidelberg: Herbert-Wichmann Verlag, 2004.

[Schw 10] Schweikart, Jürgen; Pieper, Jonas; Metzmacher, Achim: GIS-basierte und indikatorgestützte Bewertung der ambulanten ärztlichen Versorgungssituation in Berlin. In: Kartographische Nachrichten 2010, Heft 6. Kirschbaum Verlag, Bonn, 306-313, 2010.

[Wal 06] Walter, Nadine; Schweikart, Jürgen: Räumliche Disparitäten in der ambulanten Gesundheitsversorgung Berlins – eine GIS-basierte Analyse. In: Strobl, J., Blaschke, T. & Griesebner, G. (Hrsg.): Angewandte Geoinformatik 2006. Beiträge zum 18. AGIT-Symposium Salzburg. Herbert Wichmann Verlag, Heidelberg, 704-708, 2006.

[WHO 86] Weltgesundheitsorganisation: Ottawa-Charta zur Gesundheitsförderung, 1986; http://www.euro.who.int/__data/assets/pdf_file/0006/129534/Ottawa_Charter_G.pdf (abgerufen am 09.10.2012).

Abbildungsverzeichnis

Abb. 1: Versorgungsindikator „Nächstgelegener Kinderarzt“ auf Basis der Berliner Wohnblöcke (Ausschnitt), Quelle: Eigener Entwurf

Abb. 2: Exemplarische Darstellung eines Einzugsbereiches auf Basis von 15 Gehminuten, Quelle: Eigener Entwurf

Abb. 3: Versorgungsindikator „Gleitende Einzugsbereiche“ für Psychotherapeuten, einwohnergewichtet gemittelt auf der Ebene der Planungsräume, Quelle: Eigener Entwurf

Kontakt

Prof. Dr. Jürgen Schweikart

Beuth Hochschule für Technik Berlin
Fachbereich III / Bauingenieur- und Geoinformationswesen
Luxemburger Straße 10, 13353 Berlin

Tel: (030) 4504-2038
E-Mail: schweikart@beuth-hochschule.de

Wie kann man die Stadt der Zukunft so (um-)bauen, dass man Energie, CO_2 sparen und den Müll verringern kann?

Prof. Dr.-Ing. Angelika Banghard

Kurzfassung

2009 betrug das Brutto-Abfallaufkommen in Deutschland 359,4 Millionen Tonnen (Mio.t), davon macht allein der Bausektor 54 %[1] aus. Insbesondere durch ein Umdenken beim Abriss/ bei der Sanierung der Gebäude, können durch einen selektiven Abbruch und der Weiterverwendung von Bauteilen Kosten, Leerstand, Primärenergie, CO_2 gespart und die Schaffung von neuen Arbeitsplätzen erreicht werden. Durch den Einsatz einer FM-gerechten Planung wird später ein schadensfreier Ausbau der einzelnen Bauteile erreicht und so eine Wiederverwendung möglich. Dadurch werden weitere Deponien vermieden und unsere Ressourcen nachhaltig geschont.

Abstract

2009 the gross amount of waste in Germany 359,4 million tons (Mio. t), of which alone makes the construction sector from 54 %[1]. In particular, by a change in thinking during the demolition / renovation of the building, can confer a selective demolition and saved for re-use of components costs, vacancy rates, primary energy, CO_2 and the creation of new jobs can be achieved. Through the use of an FM-friendly planning later, a damage-free removal of the individual components can be reused and thus achieved. This will avoid further landfill and conserve our resources sustainably.

Einleitung

Insbesondere im Facility-Management werden immer wieder die Lebenszykluskosten berechnet. Dabei erschöpft sich das Thema „Nachhaltigkeit" nur auf den Lebenszyklus eines Gebäudes – nicht auf das, was danach folgt. Es gibt zwar schon lange das Gesetz zur Förderung der Kreislaufwirtschaft und Sicherung der umweltverträglichen Beseitigung von Abfällen (Kreislaufwirtschafts- und Abfallgesetz (KrW-/AbfG) und seit 2008 auch EU-weite Regelungen (EG-Abfallrahmenrichtlinie (AbfRRL) – aber diese gesetzlichen Grundlagen geben nur einen sehr weiten Rahmen vor, der kaum die Planung von Neubauten oder Sanierungsmaßnahmen beeinflusst. Aus meiner Sicht besteht aber genau in diesem Bereich der größte Nutzen für alle Beteiligten. Die gesamte Bedeutung des Themas wird sichtbar durch die Agenda 21 (Konferenz der Vereinten Nationen für Umwelt und Entwicklung, Rio de Janeiro, Juni 1992)[2]. Dieses Thema hat nicht „nur" eine Bedeutung für die Kostenbetrachtungen, für Energieeinsparpotentiale, Deponievermeidung, CO_2-Verringerung, sondern auch für die soziale Aspekte einer Stadt der Zukunft!

Kritische Betrachtungen zu den Lebenszykluszeiten

Die Veränderungen von Marktbedingungen, technischen Entwicklungen, Geschäftsabläufen und der Arbeitsziele führen immer wieder zu Veränderungen der Nutzungsanforderungen an die Gebäude in unseren Städten. Diese Forderungen wiederum führen zu Gebäuden, die sich flexibel anpassen lassen müssen › oder zum Umzug/ Leerzug der Immobilien und .... irgendwann dann zum Abriss. Aus meiner Sicht verläuft dieser Prozess in immer kürzeren Zeitzyklen.
Zum Beispiel: Bürogebäudekomplex Berlin Stauffenbergstraße: Nutzungszeitraum 31 Jahre!
Baujahr: 1969 -Abriss: 12/2000: Eine wirtschaftliche Nutzung war nicht mehr möglich!

1 Quelle: Statistisches Bundesamt, 2012
2 http://www.un.org/Depts/german/conf/agenda21/agenda_21.pdf)

Daraus folgt, dass für die Stadt der Zukunft die Forderung nach einer FM-gerechten Planung, nach einer Materialwahl, die man wieder- und weiterverwenden kann, wichtig ist – und immer wichtiger wird!

Die Betrachtungen der einzelnen Lebenszyklen von Gebäuden sagen zwar viel über die einzelnen Nutzungszyklen des Gebäudes aus – aber – und **das ist der Unterschied (!)**- damit noch nicht viel über die **Lebenszyklen von Bauteilen.** Mit dem Ende der Gebäudenutzung (und der Entscheidung zum Abriss) endet ja nicht automatisch auch der Lebenszyklus jedes Bauteils.

Ziel sollte es daher sein, mehr den Lebenszyklus der Bauteile zu betrachten – als nur den der Gebäude! Das bedeutet: Bauteile so zu gestalten und einzubauen, dass diese möglichst lange genutzt, in dem Nutzungskreislauf bleiben können und – am Ende ihres Lebenszyklus – entweder recycelt oder wieder in den Stoffkreislauf zurückgeführt werden können. (siehe Grafik)

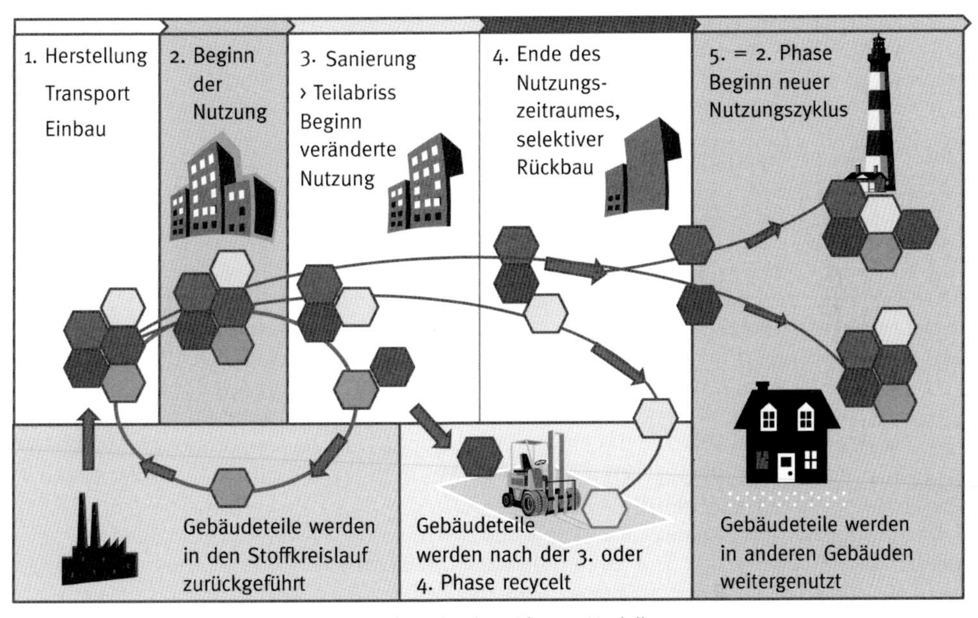

Abb. 1: Lebenszyklus von Bauteilen- Aufteilung in ein 3-Phasen-Modell

Gesellschaftlicher Anspruch für eine Stadt der Zukunft

Im Laufe dieser Arbeit bin ich zu dem Ergebnis gekommen, dass es erstaunliche viele Beispiele, Bauteilbörsen, wissenschaftliche Forschungsberichte zu einzelnen Fragestellung dieses Themas gibt. Aus meiner Sicht ist die Weiterverwendung von Bauteilen nicht so sehr eine Frage des Wissens, sondern mehr eine der gesellschaftlichen Einstellung. Wir sind gewohnt, gebrauchte Teile wegzuwerfen und gegen neue Teile zu ersetzen. Kurzfristig gedacht erscheint es billiger und hat so einen Hauch von mehr Qualität, Luxus. „Second Hand" ist mehr ein Ausdruck von II. Wahl, von veralteten Produkten, die nicht mehr dem neuesten Stand der Technik entsprechen.

Wenn wir es schaffen, in unserer Gesellschaft, den Verbrauch unserer Ressourcen so zu verringern, dass sie mit den nachwachsenden Rohstoffen gedeckt werden können, haben wir eine nachhaltige Wirtschaft erreicht. Wenn wir es schaffen, den Verbrauch unserer Ressourcen für unsere Gebäude (Neubau und Sanierung) so zu verringern, dass sie mit den nachwachsenden Rohstoffen gedeckt werden können, haben wir wirklich nachhaltige Gebäude/ eine nachhaltige Gebäudebewirtschaftung erreicht.

Was muss man beachten, um Bauten/Bauteile wiederzuverwenden?

- Größere Bauten sollten so konstruiert werden, dass auch ein Teilabriss möglich ist (z. B. bei den Plattenbauten). Die Planung z. B. von aufgestelzten Fußböden ermöglicht den Einsatz/ den leichten Rückbau von Elektrokabeln
- Die Konstruktion sollte möglichst aus kleinen Bauteilen bestehen, die später rückgebaut und bei anderen Bauten wieder eingesetzt werden können (z. B. Ziegelsteine). Der Einsatz von Stahlbeton, der nur recyclebar ist, sollte minimiert werden.
- Möglichst wenige Verbundbaustoffe einsetzen! Man sollte besser Baustoffe verwenden, die man später so nach Werkstoffen trennen kann, dass man Teile davon verwerten, recyceln kann.
- Bei den Anschlüssen der einzelnen neuen Bauteile darauf achten, dass man sie leicht, wirtschaftlich und schadensfrei später wieder ausbauen und weiter verwenden, bzw. recyceln kann.
- Bei der Auswahl der Baumaterialien auf die Langlebigkeit achten, dass sie sich gut weiter verwenden lassen und ein hohes Maß an Recyclingfreundlichkeit haben. Insbesondere Holzbaustoffe lassen sich leicht bearbeiten, ergänzen – so dass sie leicht anderen Anforderungen angepasst werden können.
- Um später eine gesunde Weiterverwendung zu ermöglichen, sollten die Baustoffe so schadensfrei, wie möglich sein.

Vorteile durch die Wiederverwendbarkeit von Bauteilen

In der Forschungsarbeit wurden speziell die Doppelkastenfenster bei einem Schulgebäude in Berlin, Ostkreuz betrachtet und der komplette Aufwand für einen Austausch der Fenster im Vergleich zu einer Aufarbeitung und Weiterverwendung geprüft. Sehen die Vorteile für die Weiterverwendung bei 1 qm Fenster noch recht bescheiden aus, werden sie doch in der Hochrechnung für das Beispielgebäude am Ostkreuz schon eindrucksvoll. Bei der Betrachtung für alle ähnlichen Bauten in Berlin erreichen diese Werte dann doch schon Größenordnungen, die ein Umdenken unbedingt erforderlich werden lassen.

- Kosteneinsparungen: von ca. 300 € pro qm Fenster + Mietausfall/ Ersatzraum von 8,17 €, bzw. von 41 %. Diese erstaunlichen Unterschiede entstehen, weil versucht wurde, alle Kosten zu berücksichtigen, die mit dem Austausch eines Fensters verbunden sind.
- Einsparungen an CO_2: Anhand dieses Beispiels wird eine Ersparnis erreicht von ca. 17 kg CO_2-Äqv. pro qm Fenster, bzw. von 25 %. Für die sanierungsfähigen Fenster Berlin, die diesem Fenstertyp entsprechen ergeben sich dafür ca. 17.000 t CO2-Äqv.
- Einsparungen an Deponien: Die Menge, die an Abraum bei der Gewinnung der Rohstoffe entsteht ist auch schon um 77,4 kg pro qm Fenster geringer. Insbesondere aber die Einsparungen bei dem Hausmüll (Diese Größe enthält die aggregierten Werte von hausmüll-ähnlichem Gewerbeabfälle nach 3. AbfVwV TA SiedlABf) betragen ca. 10 kg und beim Sondermüll ca. 0,2 kg / qm Fensterfläche. Rechnet man diese Daten für die Hausmüll-Deponie für Berlin hoch ist das schon ein Unterschied von 10t.
- Bedeutung für den Arbeitsmarkt: Durch diese behutsame Sanierungsmethoden erhalten Handwerksbetriebe wieder neue Aufgaben und Aufträge. Für kleinere Bauvorhaben können so auch Kleinstbetriebe wieder ausreichend Arbeit erhalten.
- Einsparung von Primärenergie: Es wird eine Ersparnis erreicht von ca. 661 MJ pro qm Fenster, bzw. von 38 %. Die Hochrechnungen für die Fenster nur für das Land Berlin ergeben schon Zahlen von ca. 238.000 MWh, die einem eigenen neuen Kraftwerk entsprechen!

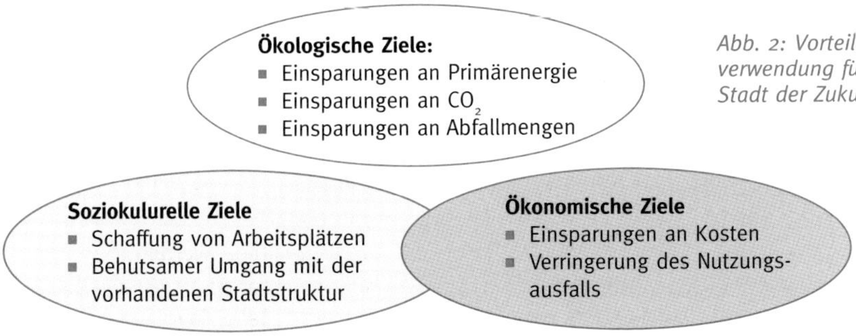

Ökologische Ziele:
- Einsparungen an Primärenergie
- Einsparungen an CO_2
- Einsparungen an Abfallmengen

Soziokulurelle Ziele
- Schaffung von Arbeitsplätzen
- Behutsamer Umgang mit der vorhandenen Stadtstruktur

Ökonomische Ziele
- Einsparungen an Kosten
- Verringerung des Nutzungsausfalls

Abb. 2: Vorteile von der Wiederverwendung für Bauteile für die Stadt der Zukunft

Fazit

Aus meiner Sicht ist es möglich, die ökonomischen, ökologischen und sozialen Ziele der Agenda 21 schnell zu erreichen. Wir können nicht nur Kosten sparen bei den Baukosten und dem verringerten Leerstand, nicht nur unsere Ressourcen schonen, den Energieverbrauch verringern und Deponien vermeiden, sondern auch neue Arbeitsplätze für Handwerksbetriebe und Kleinstbetriebe schaffen.

Das gesamte Kapitel der Weiterverwendung/ Wiederverwendung von Bauteilen wurde in dieser Arbeit nur bei dem Thema „Doppelkastenfenster" vertieft, aber es zeigt schon an diesem Beispiel, wie viel Potential alleine schon in einer anderen Denkweise liegt – die dann manchmal schon mit verblüffend einfachen Lösungen erstaunliche Wirkungen erzielt.

Aus meiner Sicht, ist deshalb der Begriff des „Lebenszyklus eines Gebäudes" eigentlich nicht mehr richtig, weil das Nutzungsende des Gebäudes nicht automatisch das Ende auch der Lebenszyklen aller Bauteile bedeutet. Gerade in dieser Weiterverwendung, bzw. auch spez. Aufarbeitung der Bauteile besteht aus meiner Sicht die Chance, unsere Ressourcen zu schonen, den Energieverbrauch verringern, Deponien zu vermeiden, neue Arbeitsplätze zu schaffen und behutsam die vorhandene Stadtstruktur zu verändern.

Literatur:

Bundesministerium für Verkehr, Bau und Stadtentwicklung: Bewertungssystem Nachhaltiges Bauen, WECOBIS-Datei,
http://www.nachhaltigesbauen.de/de/baustoff-und-gebaeudedaten/oekobaudat.html

Statistisches Bundesamt, Abfallbilanz, Wiesbaden verschiedene Jahrgänge

Studie Ökoinstitut Freiburg, 2003, Ermittlung der durch die Wiederverwendung von gebrauchten Bauteilen realisierbaren Energieeinsparpotenziale und CO2-Reduktionspotenziale

Umweltamt Berlin-Zehlendorf Messbericht und Thermographieaufnahmen der Schule unter: www.umsz.de, abgerufen am 11.04.2011.

Kontakt:

Prof. Dr.-Ing. Angelika Banghard
Beuth Hochschule für Technik Berlin
FB IV / Architektur und Gebäudetechnik
Facility Management
Luxemburger Straße 10, 13353 Berlin
Telefon: (030) 4504-2544
E-Mail: banghard@beuth-hochschule.de

Abbbildungsverzeichnis:

Abb. 1: Lebenszyklus der Bauteile (Autorin)
Abb. 2: Vorteile von der Wiederverwendung für Bauteile für die Stadt der Zukunft (Autorin)

Mobiler Eventguide – Mobile Informationen für Städter der Zukunft

Thorsten Stark, M.Sc.; Hannes Walz, B.Sc.; Dipl.-Inf. Dominik Berres; Prof. Dr. Gudrun Görlitz
Forschungsschwerpunkte: Mobile Development, Computer Science

Kurzfassung

Für die „Stadt der Zukunft" wurde im Rahmen des EFRE-geförderten Projektes „MoMo" ein mobiles plattformübergreifendes Eventguide-System entwickelt, welches den traditionellen Flyer als Veranstaltungsführer ablösen soll. Dieses System sollte flexibel genug sein, um schnell und einfach an neue Veranstaltungen angepasst zu werden. Dabei wurde besonderer Wert auf die Benutzbarkeit auf verschiedenen mobilen Plattformen gelegt. So entstand neben einer Android-App und einer iOS-Version auch eine mobile Webanwendung. Bei verschiedenen Veranstaltungen konnte das System bereits erfolgreich erprobt werden.

Abstract

In context with the EFRE-aided research and development project "MoMo" a mobile cross-platform event guide system was developed for the "city of the future". This guide is intended to replace the traditional flyer as an event guide. It should be sufficiently flexible to become easily adapted to new events. Of particular importance is the usability on different mobile platforms. In addition to apps for Android and iOS, a mobile web application was developed. During several events the system performed successfully.

Einleitung

Veranstaltungen sind in der Regel ähnlich strukturiert und aufgebaut. Änderungen am Programm sind häufig noch kurz vor Beginn der Veranstaltung notwendig. Papierflyer werden jedoch mehrere Wochen vor der Veranstaltung gedruckt und sind kurzfristig nicht mehr änderbar. Mit einem mobilen Eventguide kann dieser Problematik begegnet werden.

Die vorhandenen Anwendungen sind nicht flexibel genug, um auf neue Veranstaltungen angepasst zu werden. Außerdem waren diese Apps meist mit Cross-Plattform-Techniken umgesetzt. Daraus resultierten verschiedene Probleme in den Bereichen Performance und Usability.

Auswahl der IT-Werkzeuge

Das mobile Eventguide-System sollte für die verbreiteten Mobilplattformen iOS und Android verfügbar sein. Beide Betriebssysteme decken aktuell zusammen jedoch nur 82 % des deutschen Marktes ab, so dass auch für die anderen Nutzergruppen ein Konzept entwickelt werden musste, um eine möglichst große Marktabdeckung zu erreichen. [Ker 2012]

Wenn mobile Anwendungen auf mehr als einer Plattform erscheinen sollen, werden bei der Entwicklung gerne sogenannte Cross-Platform-Toolkits verwendet. Diese ermöglichen es aus dem Programmcode Anwendungen für verschiedene Plattformen zu erzeugen. So entstehen jedoch keine nativen Anwendungen. Stattdessen enthält jede Anwendung noch eine Zwischenschicht, die Befehle an das Betriebssystem durchleitet. Dadurch laufen solche Anwendungen nicht so optimal wie nativ geschriebene und können auch nicht auf alle Funktionen der Hardware zugreifen. Sie müssen für neue Betriebssystemversionen immer wieder neu angepasst werden. Zudem ist man darauf angewiesen, dass die Zwischenschichten von deren Herstellern weiter gepflegt werden. [Diet 2012]

Auch die Usability leidet unter solch einem Ansatz, da den unterschiedlichen Plattform-spezifischen Bedienkonzepten meist keine Beachtung geschenkt wird. Als Beispiel hierfür kann der Zurück-Button bei einer hierarchischen Navigationsstruktur genannt werden. Bei iOS befindet er sich oben links in der Navigationsleiste, bei Android unten links und ist bei älteren Modellen noch als Hardwaretaste realisiert. [McWhe 2012]

Eine weitere Möglichkeit, die der Verwendung von Cross-Platform-Frameworks ähnelt, ist die Benutzung von Web-Standards zur Entwicklung mobiler Anwendungen. Dabei werden mobile Webseiten eingesetzt, die in allen mobilen Browsern laufen. Diese so genannten Web-Apps sind mit HTML und CSS geschrieben und somit plattformunabhängig. Hier werden meist UI-Frameworks wie JQueryMobile verwendet, um die native Benutzerschnittstelle nachzuahmen. Jedoch birgt auch ein solcher Ansatz Probleme im Bereich der Performance und der User Experience. So sehen Webanwendungen meist auf allen Plattformen gleich aus, auch wenn die Benutzer auf unterschiedlichen Betriebssystemen ein unterschiedliches Verhalten der Anwendungen erwarten. Dies kann, wenn es als einziger Ansatz genutzt wird, wiederum zu Fehlbedienungen und zu frustrierten Benutzern führen.

Da alle hier beschriebenen Ansätze, die darauf beruhen nur eine Anwendung zu entwickeln, um sie dann auf unterschiedlichen Plattformen laufen zu lassen, signifikante Mängel aufweisen, wurde ein anderer Weg gewählt. Für die beiden großen Mobilplattformen iOS und Android wurde je eine eigene native Anwendung entwickelt. Für alle anderen Betriebssysteme, vor allem Windows Phone 7 und Blackberry OS wurde eine Webanwendung erstellt, die auf vielen Plattformen sinnvoll lauffähig ist.

Entwicklung der Anwendungen

Obwohl drei verschiedene Anwendungen entwickelt wurden, sollten dennoch gemeinsame Konzepte in den Bereichen Datenhaltung und User-Interface umgesetzt werden.

Zunächst wurde die Entscheidung getroffen für die Datenhaltung auf allen drei Plattformen ein gemeinsames Format – eine sogenannte PLIST zu nutzen. Dabei handelt es sich um ein XML-Derivat, welches speziell für hierarchische Informationen geeignet ist. Damit fiel die Entscheidung gegen die Verwendung einer herkömmlichen Datenbank, da hier auf jeder Plattform andere Konzepte vorherrschen. So wird auf Android ein direkter Zugriff auf die Datenbank präferiert, während unter iOS der Zugriff über einen objektrelationalen Mapper erfolgt. Auch die Tatsache, dass auf die Datenbasis ausschließlich lesende Zugriffe stattfinden, ließ eine Datenbank schnell als unnötigen Overhead erscheinen. Stattdessen wurde ein hierarchisch organisiertes Datenaustauschformat präferiert und schlussendlich auch verwendet. [Ang 2003] [Pri 2011]

Die Struktur des für diese Anwendung verwendeten Formats ist dabei zweistufig und auf die einzelnen Programmpunkte und nicht auf die zugehörigen Orte ausgerichtet. So finden sich auf erster Ebene Kategorien. Für die Version der App zur Langen Nacht der Wissenschaften an der Beuth Hochschule für Technik waren diese Kategorien die acht Fachbereiche der Beuth Hochschule sowie eine weitere Kategorie für alle fachbereichsübergreifenden Themen. Jeder Kategorie sind ein Name und ein Icon zugeordnet. Erst auf zweiter Ebene folgen die Programmpunkte zu den Kategorien.

Jeder Programmpunkt hat einen Titel und eine Typinformation. Letztere gibt Auskunft darüber, ob es sich bei dem Programmpunkt um einen Vortrag, einen Stand oder eine Präsentation handelt. Ein Programmpunkt kann auch zu mehreren Programmpunkttypen gehören. Auch eine zeitliche Komponente von Programmpunkten wird mit dem Datenformat abgebildet. So können jedem Programmpunkt eine oder mehrere Zeit- und Datumsangaben zugeordnet werden, zu denen beispielsweise ein Vortrag oder eine Präsentation stattfindet.

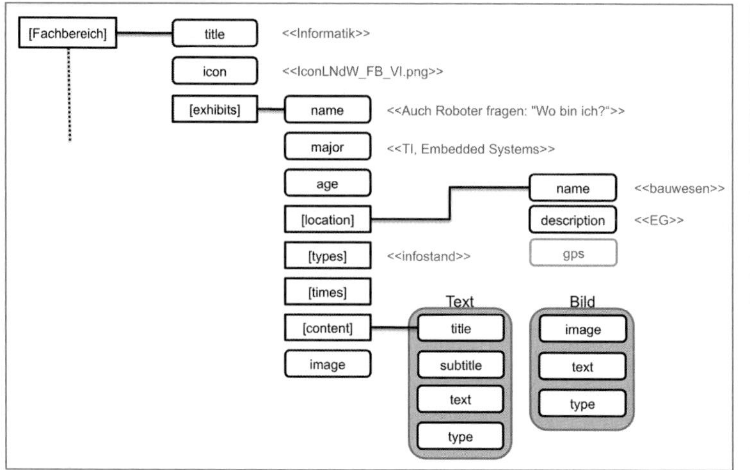

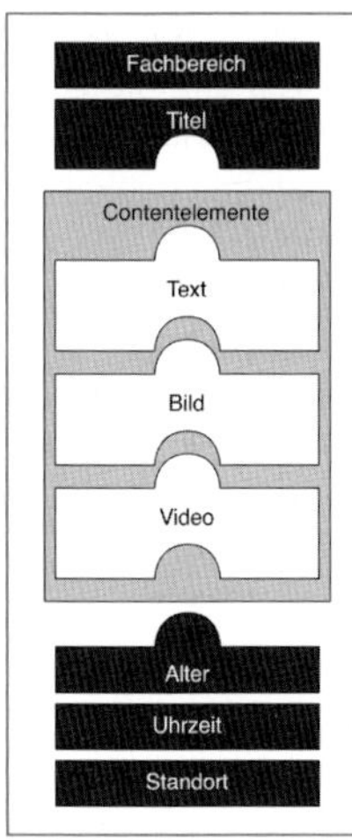

Abb. 1: Struktur der PLIST-Datei (links) und Aufbau der Seite eines Programmpunktes (rechts)

Der eigentliche beschreibende Inhalt des Elements ergibt sich aus einer Abfolge an sogenannten Content-Elementen. Dabei kann es sich um Texte, Bilder, Videos, Sprache oder Musik handeln. Die Content-Elemente werden dann in der Reihenfolge angezeigt, in der sie sich auch in der PLIST-Datei befinden. Dadurch lässt sich die Darstellung einfach über die PLIST-Datei steuern. Die einzelnen Contentelemente können beliebig in ihrer Reihenfolge vertauscht werden, um so die Anzeige auf dem Bildschirm zu ändern.

Bei der Benutzeroberfläche sollten für die verschiedenen Programmvarianten gleiche Bedienkonzepte verwendet werden. Da es sich bei den Inhalten um hierarchisch organisierte Inhalte handelt, bot es sich hier an ein Drill-Down-Navigationsschema zu verwenden. Dabei gibt es verschiedene Darstellungsebenen, wobei man von jeder Ebene durch die Selektion eines Punktes in einem Auswahlmenü in eine untergeordnete Ebene gelangt, bis es schließlich keine untergeordnete Ebene mehr gibt. Um auf eine höher gelegene Informationsebene zurückzukommen, gibt es an einer Stelle des Bildschirmes oder des Gerätes einen Zurück-Button, der auf die vorherige Ansicht und damit die nächst höhere Ebene zurückführt.

Im Fall des Mobile Guides finden sich auf der Hauptebene die Kategorien. Wählt man eine solche aus, kommt man zur Auswahl der Programmpunkte und schließlich zur Detailansicht des ausgewählten Programmpunktes. Dieses Bedienkonzept wird sowohl nativ, als auch bei der Webvariante verwendet.

Die Implementierung des Konzeptes weist Unterschiede auf. Die Unterscheidung kann dabei vor allem zwischen den beiden nativen Umsetzungen auf iOS und Android und der Webversion vorgenommen werden. Bei den nativen Umsetzungen wurde auf der Hauptebene ein sogenanntes Dashboard implementiert, welches in einem Raster Icons zur Auswahl anbietet. Jede der Zellen in diesem Raster hat eine feste Breite und Höhe. Auf dem zweiten Bildschirm erfolgt die Auswahl des Programmpunktes dann über eine sogenannte Cover-Flow-Ansicht. Beide Ansichten nutzen primär Bilder für die Auswahl der Programmpunkte, da diese leichter und schneller wahrgenommen werden können als Texte. [Six 2007]

Beide Konzepte wurden in der Webversion nicht umgesetzt. Es wäre rein technisch möglich gewesen, diese User-Interface-Komponenten auch in einer Webanwendung einzubinden, doch das wäre wenig zielführend gewesen. Die Webanwendung wurde zu dem Zweck entwickelt nicht genauer spezifizierte Geräteklassen zu unterstützen. Das bedeutet, dass nicht klar ist,

welche Displaygrößen, -formate und -auflösungen angesprochen werden. Zumindest eine ungefähre Kenntnis dieser Faktoren ist jedoch von Nöten, um die oben genannten Komponenten zu verwenden. Stattdessen wurde hier auf den kleinsten gemeinsamen Nenner gesetzt, der bspw. auch auf Geräten mit sehr kleinen Displays noch sinnvoll funktioniert. Dabei handelt es sich um eine Listenansicht, die ein Icon zur visuellen Unterstützung enthält. Diese Ansicht ist grundsätzlich auf allen Displays sinnvoll nutzbar und wird auch standardmäßig auf Mobilgeräten eingesetzt.

Die Detailansicht wird schlussendlich sowohl in den nativen Versionen als auch in der Webversion als klassische Artikelansicht angezeigt. Sie kombiniert Überschriften, Fließtext, Bilder und anderen Medienarten zu einem Ganzen und ergänzt diese um Meta-Informationen zu dem ausgewählten Eventpunkt wie z. B. Zeit und Ort.

Fazit

Im Rahmen des Forschungsprojektes „MoMo" wurden drei Apps für den mobilen Eventguide implementiert. Diese wurden so flexibel umgesetzt, dass mit geringem Aufwand bestehende Veranstaltungen aktualisiert oder die App für neue Veranstaltungen angepasst werden kann.

Die Anwendung wurde erfolgreich bei den Besuchertagen auf dem Flughafen Berlin Brandenburg (BER) im Mai 2012 eingesetzt. Besucher konnten sich bei diesem Anlass auf dem Flughafen orientieren und herausfinden, welche Programmpunkte es wo von welchem Anbieter gibt.

Die Apps wurden auch für die Lange Nacht der Wissenschaft der Beuth Hochschule für Technik Berlin im Juni 2012 angepasst. Hier boten sie Besuchern eine Übersicht, welche Stände, Vorträge und Shows an diesem Abend wo stattfanden. Besucher konnten sich an diesem Abend auch mit der App von ihrem Smartphone zu den Ständen leiten lassen. Zu beiden Anlässen wurden die Anwendungen durch das Publikum gut angenommen.

Es ist geplant die Anwendung auch für Microsoft Windows Phone nativ zu entwickeln. Weiterhin wird eine wissenschaftliche Evaluation der Anwendungen vorbereitet. Auch ein inhaltlicher Ausbau der Anwendungen ist geplant. So sollen die Apps um eine Kalenderansicht und einen persönlichen Veranstaltungsplaner erweitert werden.

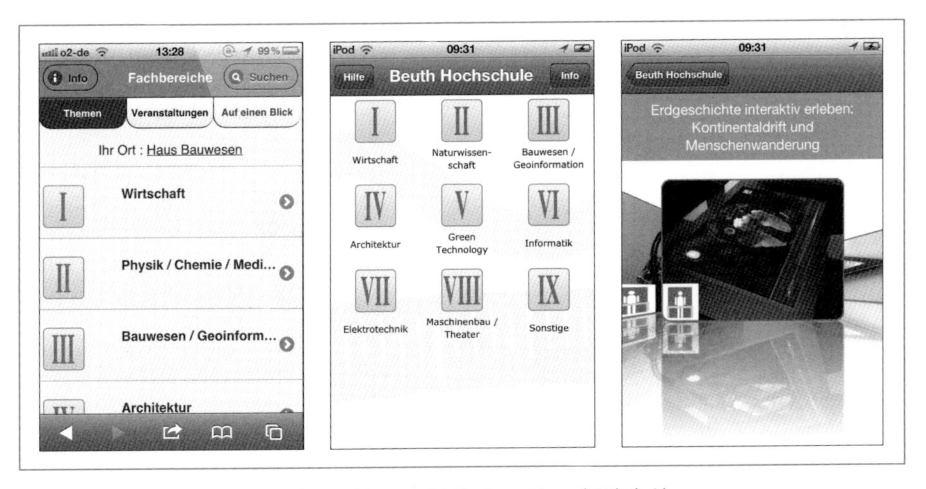

Abb. 2: Listenansicht (Web-App), Dashboard (iOS), CoverFlow (iOS) (v.l.)

Literatur

[Ang 2003] Anguish, Scott & Buck, Erik M. & Yacktman, Donald A. & Chisnall, David; Cocoa Programming; SAMS Publishing; 2003; S. 165ff; ISBN 978-0672322303

[Diet 2012] Dietrich, Patrick; Cross-Application-Development (HTML5); GRIN Verlag; München 2012; S. 14; ISBN: 3-656-17171-8

[Ker 2012] Kerste, Heinrich & Klett, Gerhard; Mobile Device Managment; mitp; Heidelberg 2012; S. 171; ISBN: 978-3-8266-92147

[McWhe 2012] McWherter, Jeff & Gowell,Scott; Professional Mobile Application Development; John Wiley & Sons, Inc; 2012; S. 349; ISBN: 978-1118203903

[Pri 2011] Privat, Michael & Warner, Robert: Pro Core Data for iOS: Data Access and Persistence Engine for iPhone, iPad, and iPod touch; Apress Verlag New York 2001; S. 1ff; ISBN: 978-1430233558

[Six 2007] Six, Ulrike; Exzessive und pathologische Mediennutzung; In Kommunikationspsychologie - Medienpsychologie; Beltz; Basel 2007; S. 438f; ISBN: 978-3621275910

Gefördert durch:

Kontakt

Prof. Dr. Gudrun Görlitz
Beuth Hochschule für Technik Berlin
Fachbereich VI / Informatik und Medien
Luxemburger Str. 10, 13353 Berlin
Tel: (030) 4504-2836
E-Mail: goerlitz@beuth-hochschule.de

Film- und TV-Studio in Neukölln

Prof. Dr.-Ing. Susanne Junker
Architektur: Entwurf und Visualisierung

Kurzfassung

Architekturstudenten entwerfen mit Unterstützung von ARD und ZDF ein Film- und TV-Studio am Kottbusser Damm in Neukölln, um die Tradition von Berlin als Filmstadt zu vergegenwärtigen und einen soziokulturellen Impulsgeber für eine neue urbane Öffentlichkeit zu schaffen. Ein zukünftiger Puzzle-Stein für „Collage-City“!

Abstract

Supported by ARD and ZDF architecture students design a film and television studio at Kottbusser Damm in Neukölln to bring back to mind Berlin's tradition as film city and to trigger a sociocultural stroke machine for a new urban community. A future piece of the puzzle for “Collage City“!

Einleitung

Hollywood? Bollywood? Babelsberg? Nein, Berlin! In Berlin erfanden die beiden Brüder Max und Emil Skladanowski 1895 das „Bioskop“ als Vorläufer von Film und Kino. Ebenfalls in Berlin, am Kottbusser Damm, wurde 1907 Deutschlands allererstes „Kinematographen-Theater“ eröffnet.

Historische Fotos zeigen den Kottbusser Damm mit der Grandezza der Jahrhundertwende als damals wichtigste Verkehrsverbindung Berlins nach Dresden, eine der ältesten Strassen Berlins aus dem 16. Jahrhundert, heute Grenze zwischen Neukölln und Kreuzberg. Doch die urbane Eleganz mit Flaneuren à la Walter Benjamin [Ben 82] ist definitiv verloren. Kurfüstendamm und Friedrichstrasse sind Lichtjahre entfernt.

Das nun mehr als 100 Jahre alte Kino existiert noch immer als „Moviemento“ arg eingequetscht zwischen Gemüseläden, Handy-Shops, Asia-Imbiss und „Zickenpark“, offiziell Hohenstaufenplatz. Gegenüber, an der Ecke Lenaustrasse, befindet sich ein Ensemble aus Flachbauten und Büroscheibe aus dem Aufbauprogramm 1957, jedoch so stark überformt, dass es mit barackenartigen Schuppen, Brandwänden und Seitenflügel-Stummeln einen tristen „Leerraum“ bildet. „Schlecker“ hat endgültig die Rollläden geschlossen, die Videothek drastisch die Preise gesenkt, der Schnäppchen-Laden verramscht Reste.

Entwürfe für ein Film- und TV-Studio

Genau dort, im Brennpunkt Neukölln, haben die Masterstudenten im Modul M1b „städtebaulicher Entwurf“ im Sommer 2012 ein Film- und TV-Studiohaus virtuell entstehen lassen – ein architektonischer Impulsgeber an einem Ort, der sich nach Aussage des Neuköllner Bürgermeisters Heinz Buschkowsky trotz aller Konflikte in einem *„der spannendsten und buntesten Bezirke Berlins*“ befindet.

Die Lage am Kottbusser Damm versteht sich als Gegenüber zum *Moviemento*, um die Tradition von Berlin als Filmstadt zu vergegenwärtigen. ARD und ZDF unterstützten dabei die Hochschule in geradezu freundschaftlicher Weise mit Besichtigungen, Hinweisen, Gastkritiken und schließlich sogar Jurierung mit DVD-Prämien.

Die soziokulturelle ebenso wie urbane Reparatur und „Fitmachung“ mit intelligenten zeitgemässen Mitteln galt als Ziel. Was genau bedeutet Zukunft für eine Stadt und ihre Bewohner? Welche neuen Puzzle-Steine benötigt „Collage-City“ [Row 78]? Ist ein Flughafen ein Impulsgeber, ein Museum, ein Kino?

Abb. 1

Eine Exkursion und Besichtigung der neuen Osloer Oper vom Architekturbüro Snohetta und Gespräche mit Snohetta inmitten von Modellen und Zeichnungen unterstrichen, dass Öffentlichkeit hierfür eine entwurfsimmanente Voraussetzung sein muss – nicht nur in Neukölln:

> *„Contemporary Nordic political thought is often defined by a sense of community, common ownership, and easy and free access to institutions. (...) The opera is accessible in the broadest sense of the term. It is not a traditional sculptural monument; it is instead a social monument. The roof surfaces (...) offer an open, non-commercial agenda, a changing landscape to experience the cityscape, the fjord, and nearby islands. The site is, in a sense, returned to the city.“* [Sno 09]

Ein klarer *plot* mit komplex ineinander verschränkten Handlungsebenen – eine Aufgabe wie gemacht für Traumarchitekten à la *Inception* [Inc 10]: Das Haus ist somit gleichzeitig Szenerie und Handlung. Die Szenerie beinhaltet eine eindeutige wie flexible innere Ökonomie von Funktionsabläufen, als Beispiel: Wie gelangt eine schwere TV-Kamera vom Techniklager oder einem Aufnahmewagen ins Studio, wo wird der News-Sprecher geschminkt, wo schneidet der Cutter, wie trifft der Produzent den Regisseur und wo sehen alle zusammen den Video-Rohling? Das Haus ist Hintergrund einer vielschichtigen Handlung für die Öffentlichkeit, von der schnellen Parallelbewegung des Verkehrs auf der 4-spurigen Straße und bunten, lebhaften, lauten Passanten zu den schrägwinklig verschobenen Bewegungsmustern der Kino- und Zickenpark-Besucher bis zu Balkonen und Loggien als Logenplätzen.

Dank ARD und ZDF waren die räumliche und funktionale Organisation von Studios, Produktion und Verwaltung bald gelöst. Doch wie lässt sich „schlichter“ Konsum von Videos und Filmen mit einer zu integrierenden Videothek steigern zu *Open Air Public Viewing*? Eingebettet in die berühmte Kreuzberger Mischung aus Wohnen, Einzelhandel, Gastronomie und Handwerksbetrieben?

In den Worten eines weiteren skandinavischen Architekten, Bjarke Ingels [Big 10]:

> *„Das menschliche Leben entwickelte sich durch Anpassung an Veränderungen in der natürlichen Umgebung. (...) Weil das Leben sich weiterentwickelt, müssen sich mit ihm auch unsere Städte und Architekturen weiterentwickeln. (...) Sie sind, was*

sie sind, weil wir sie dazu gemacht haben. Wenn also etwas nicht mehr passt, sind wir Architekten in der Lage – und in der Verantwortung – , sicherzustellen, dass die Stadt nicht uns zur Anpassung an überholte Strukturen der Vergangenheit zwingt, sondern umgekehrt zu uns und unseren Lebensbedürfnissen passt."

Werden narrative und bildliche Elemente des Films auf Architektur übertragen, z. B. über eine Medienfassade oder auch Projektionsflächen als Korrespondenz zwischen Moviemento und Studiohaus, entsteht öffentlicher Raum auf der Straße und im Park, nicht-kommerziell, veränderbar, benutzbar von den Bewohnern:

Markus Urbansky und Are Gran verschmelzen einen planimetrischen Blob mit einem griechischen Amphitheater zu einer weich modellierten inneren Atrium-Blase, die für zahlreiche Spektakel in Besitz genommen werden kann. Intensive Diskussionen mit ARD-Journalisten präzisierten innerhalb dieser „Blase" Neigungswinkel für Beamerprojektionen und verzerrungsfreies Sehen.

Catherina Meier und Mario Grunow verlängern den „Zickenpark" durch Streckungen und Faltungen über Fahrbahnen und Mittelstreifen, klappen ihn nach dem Vorbild der *Inception*-Traumarchitekten in die Vertikale hoch bis in eine wortwörtlich grüne Dachlandschaft, die wiederum zum Filmsehen einlädt.

Bahar Ataman und Habil Kaluk rhythmisieren die Fassade am Kottbusser Damm mit einer Haut aus sepia Metallmesh-Film, zerschnitten in *cuts*, die das Sonnenlicht als Streiflicht reflektieren und je nach Wolkenbild changieren.

Christoph Goldberg und Sven Riegel schneiden eine unterirdische Galerie-Grotte in ein tiefblaues Schachtelgefüge. Die Farbe Blau steht dabei programmatisch für die blaue Stunde, die Dämmerung als Spiel mit Licht, Schatten, Zwielicht, mittels LEDs wandelbar zu Gegenlicht, Auflicht und Seitenlicht.

Aline Miething und Juana Jäckelmann machen den Neuköllner Strassenraum so richtig bunt als multichromatische HD-Screen mit Millionen von Pixeln.

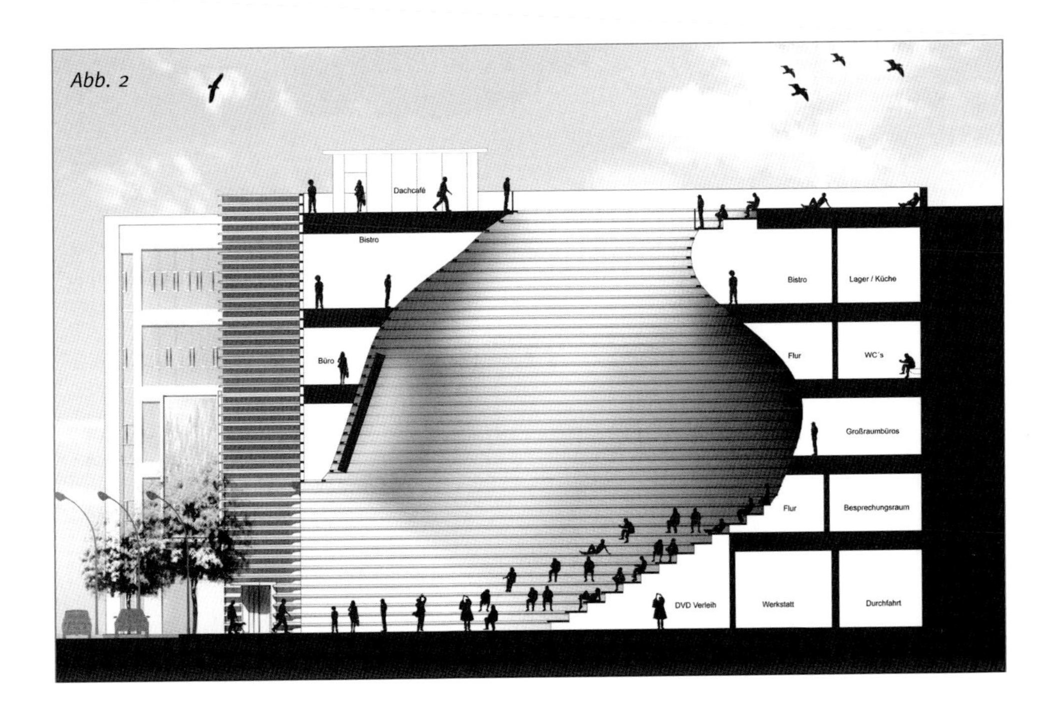

Abb. 3

Zusammenfassung

Auch alle anderen Modulteilnehmer griffen die Aufgabe engagiert auf, erarbeiteten Diagramme, Strukturen und Schichtungen, zahlreiche Arbeitsmodelle, verwarfen, probierten, diskutierten über Raum, Volumen, Ort und Stadt, genau wie Bjarke Ingels fordert [Big 10]:

> *„Was, wenn Design das Gegenteil von Politik sein könnte? Nicht, indem es Konflikte ignoriert, sondern von ihnen profitiert. Ein Weg, Unterschiede zu integrieren, nicht durch das Eingehen von Kompromissen oder die Entscheidung für eine Seite, sondern durch die Verknüpfung konträrer Interessen in einem Gordischen Knoten aus neuen Ideen.*
>
> *Eine pragmatisch-utopische Architektur, die sich zum Ziel setzt, gesellschaftlich, wirtschaftlich und ökologisch perfekte Orte zu schaffen.*

Literatur

[Ben 82] Walter Benjamin: Das Passagen-Werk, Suhrkamp Frankfurt a. M. 1982

[Big 10] BIG Bjarke Ingels Group: Yes is More - ein Archicomic zur Evolution der Architektur, Taschen Verlag Köln, 2010

[Inc 10] Inception (Film als DVD): Christopher Nolan (Regie, Drehbuch), Warner Bros. Studio (Produktion, Studio) Los Angeles USA 2010

[Row 78] Colin Rowe, Fred Koetter: Collage City, Cambridge Mass. 1978

[Sno 09] Snohetta (Hrsg.): Snohetta Works, Lars Müller Publishers Baden, Schweiz 2009

Kontakt

Prof. Dr. Susanne Junker
Beuth Hochschule für Technik Berlin
Fachbereich IV / Architektur und Gebäudetechnik
Luxemburger Strasse 10, 13353 Berlin

Tel: (030) 4504-2562
E-Mail: suju@beuth-hochschule.de

Abbildungsverzeichnis

Abb. 1: Christoph Goldberg, Sven Riegel
Abb. 2: Are Gran, Markus Urbansky
Abb. 3: Christoph Goldberg, Sven Riegel

Nachhaltigkeit in Freizeitanlagen – GRW-Projekt FEZ Berlin in der Wuhlheide

Bewertung von gemeinnützigen Liegenschaften

Prof. Dipl.-Ing. Katja Biek; Dirk Maier, M.Sc. FM; Matthias Bartknecht, M.Sc. FM

Kurzfassung

Gemeinnützig betriebene Freizeitimmobilien- und Liegenschaften sind im Sinne der Immobilienklassifizierung Sonderimmobilien. Sinn und Zweck des Betriebes dieser Art einer Immobilienzuordnung ist die besondere Sicherstellung von soziokulturellen Gesichtspunkten und ökologischen Aspekten. Die ökonomischen Aspekte werden unter soziokulturellen Gesichtspunkten bewertet. Die nachhaltige Entwicklung von Freizeitangeboten unter erlebnis-pädagogischen und naturnahen Angeboten ist eines der Ziele der untersuchten Liegenschaft. Das Freizeit- und Erholungszentrum Berlin in der Wuhlheide – kurz FEZ Berlin genannt – hat sich als gemeinnützige Organisation genau dieser Zielstellung verschrieben. Die Attraktivitätssteigerung, der Zugewinn von Besuchern und neu zu erschließender Besuchergruppen unter nachhaltigen und naturnahen Aspekten stehen hierbei im Vordergrund. Die Ergebnisse sind wegweisend für Freizeitanlagen, die im Sinne der Nachhaltigkeit betrieben werden.

Abstract

Real estates and property used on a non-profit basis are special real estates in the sense of the property classification. The sense and purpose of operating a property portfolio of this type is to especially ensure sociocultural and ecological aspects. The necessary economic aspects are assessed from sociocultural considerations. One of the targets of the property under consideration is to sustainably develop and provide leisure time offers among event-pedagogic offers close to nature. The leisure time and recreation centre Berlin in Wuhlheide – in an abbreviated form called FEZ Berlin – has devoted itself exactly to this target. Here, raising of the attractiveness, increasing of the number of visitors and groups of visitors to be attracted anew from sustainable aspects close to nature are in the fore. The results are pioneering for leisure time facilities operated in the sense of sustainability.

Einleitung

Betreiber von gemeinnützigen Sonderanlagen wie Freizeitanlagen stehen in besonderem Maße im öffentlichen Fokus. Sie unterscheiden sich in der Betreiberform sehr von rein kommerziell betriebenen Freizeitanlagen und Vergnügungsparks. Touristische Aspekte sind in beiden Formen wesentlich. Gerade die stadt- und landeseigenen Freizeitanlagen müssen den gesetzlichen Nachhaltigkeitsforderungen und den Energieeffizienzansprüchen der Bundesregierung entsprechen. Eine naturnahe Entwicklung dieser Anlagen muss folglich nicht nur unter touristischen Gesichtspunkten für die jeweilige Region erfolgen. In einer langfristig angelegten Untersuchung wird dieser Typus Immobilie insbesondere auf Nachhaltigkeit untersucht, erforscht und für die gemeinnützigen Liegenschaften neu definiert; vgl. TV2 und AP6 des BAER- und BAER2Fit-Projektes im Zeitraum 2006 bis 2011. Teilaspekte der Betreibung werden interdisziplinär im Masterstudiengang Facility Management (FM) an der Beuth Hochschule für Technik Berlin erarbeitet und veröffentlicht.

In Berlin gilt ein übergeordnetes Tourismuskonzept für die gesamte Stadt. Dieses wird für den jeweiligen Bezirk herunter gebrochen. Nachhaltigkeitsaspekte bleiben hierbei unberücksichtigt. Ziel dieses Teils der Forschung und Entwicklung (FuE) ist es, einen Maßstab für die Bewertung einer gemeinnützigen Freizeitanlage sowohl unter touristischen Aspekten als auch unter Nachhaltigkeitsaspekten zu entwickeln.

Gemeinnützigkeit ist üblicherweise wie folgt festgelegt: Vollzogene, gemeinnützige Aufgaben dienen ausschließlich der Befriedigung der Bedürfnisse der Gesellschaft. Die Art der Aufgabe konzentriert sich auf die Förderung folgender gesellschaftlicher Teilaspekte:

1. Wissenschaft und Forschung
2. Bildung und Erziehung
3. Kunst und Kultur
4. Religion
5. Völkerverständigung
6. Entwicklungshilfe
7. Umwelt-, Landschafts- und Denkmalsschutz
8. Jugend- und Altenhilfe
9. öffentlichen Gesundheitswesen
10. Wohlfahrtswesen
11. Sport

Eine integrale Betrachtung dieser Teilaspekte erfordert belastbare Prüfkriterien und eine nachvollziehbare Entscheidungsmatrix. Die Synergien der Betrachtungsweisen der Gemeinnützigkeit werden im Rahmen des Forschungsprojekts am Beispiel des FEZ Berlin in konkrete Projekte umgewandelt. Die langfristig angelegten Untersuchungen, Projektentwicklungen, Bewertungen und permanenten Expertenbefragungen haben einen Bewertungsmaßstab herausgebracht, der die Bedarfe aller Seiten wiederspiegelt; vgl. Nachhaltigkeitsdreieck Kap. 2.

Das FEZ Berlin in der Wuhlheide ist eine gemeinnützigen Sonderanlage und das Anwendungsobjekt für das FuE-Projekt GRW-FEZ (Gemeinschaftsaufgabe „Verbesserung der regionalen Wirtschaftsstruktur“). Seit 2007 werden für diese Liegenschaft im Rahmen von interdisziplinären FuE, BAER- und BAER2Fit-Projekt, und in Lehrprojekten Einzeluntersuchungen durchgeführt. Die Beuth Hochschule initiiert seit diesem Zeitpunkt viele nachhaltige Instandsetzungsmaßnahmen, die den interdisziplinären Grundsätzen folgen und die Gesamtheit des Bezirks / der Region im Fokus haben.

Nachhaltigkeitsmanagement unter touristischen Aspekten

Die im FEZ Berlin anzutreffenden Besuchergruppen sind entsprechend den sozio-kulturellen Aspekten, dem Migrationshintergrund, der gesellschaftlichen Partizipation, dem Geschlecht und der Altersstrukturen hin einteilbar. Des Weiteren sind Gruppenzugehörigkeiten wie Vereine, schulische Veranstaltungen, Kindergartenausflüge etc. zu beachten.

Auf dem Areal FEZ Berlin sowie der umschließenden Wuhlheide sind über 20 Einrichtungen und Vereine ansässig; vgl. Pro Wuhlheide e.V. Viele Veranstaltungen finden im FEZ-Hautgebäude statt. Ein Großteil der Aktivitäten auf dem Gelände sind sozio-kulturell ausgerichtet. Darunter fallen z. B. Veranstaltungen der Landesmusikakademie, das Haus für Natur und Umwelt mit dem drittgrößten Zoo Berlins, der Kletterwald oder die Kinder- und Lehrbäckerei „Das fröhliche Brot“.

Die notwendigen baulichen Instandsetzungsmaßnahmen und das hohe Entwicklungspotential des FEZ Berlin sollen mit den sozialen Anforderungen und den ökologischen Möglichkeiten in Einklang gebracht werden. Die rein ökonomischen Ebenen sind diesen unterzuordnen. Die Bewertung der projektierten Maßnahmen wird mit dem von der Beuth Hochschule für Technik Berlin entwickelten Nachhaltigkeitsdreieck vollzogen; vgl. BAER2FIT Abschlussbericht 2008-2011 „Touristische Entwicklungen und Konzeptionen in Freizeitanlagen“. Der Nachhaltigkeitsgrad einer Maßnahme wird mit einem Tool modelliert und dient der transparenten und objektiven Beurteilung. Grundsätzlich wird hierbei der Begriff der Wirtschaftlichkeit neu geordnet.

Die ökologische Wirtschaftlichkeit ist in der Hierarchie der soziokulturellen Wirtschaftlichkeit gleichgestellt und der rein ökonomischen Wirtschaftlichkeit im Sinne des volkswirtschaftlichen Nutzens sogar übergeordnet. Vorteil dieser Betrachtung und Bewertung ist der regionale sozio-kulturelle Gewinn für den Bezirk. Parallel werden durch die Instandsetzungsmaßnahmen die touristischen Ziele in Form eines Bildungs- und Lehrtourismus umgesetzt. In dem Beispiel der Naturklimazone bedeutet das den Umgang mit dem Medium Wasser in unterschiedlichen Klimazonen der Erde.

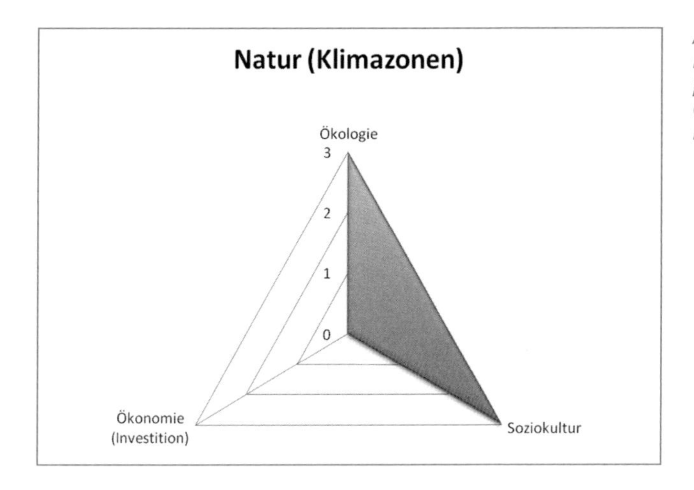

Abb. 1: Beispiel Nachhaltigkeitsdreieck für Klimabox; Quelle: Prof. K. Biek, Beuth Hochschule 2012

Soziokulturelle Aspekte wie Fremdsprachenzugehörigkeit, Migrationshintergrund und Inklusion sind als qualitatives Merkmal bei der Entwicklung und Konzeption baulicher Maßnahmen besonders bei der Infrastrukturentwicklung zu berücksichtigen. Laut Berechnungen des Statistischen Bundesamts ist bis 2050 jeder Dritte in Deutschland älter als 60 und mindestens jeder Zehnte über 80 Jahre alt. Im Hinblick auf den demografischen Wandel, sind alle baulichen Maßnahmen unter diesem besonderen Aspekt zu planen und zu realisieren. Zusätzliche Kriterien sind Ressourcenschonung, Energieeffizienz und Klimaschutz. Diese gewährleisten, dass das Konzept der Nachhaltigkeit, welches die Ökologie, Ökonomie und Soziokultur vereint, integrativ im Sinne des FEZ Berlin umgesetzt wird. Für die touristische Untersuchung wurden die Besucherzahlen der Freizeiteinrichtung herangezogen; vgl. FEZ Geschäftsberichte 2007 bis 2011. Beispielhaft dargestellt ist die Analyse der Besucherstruktur im FEZ Berlin in der Wuhlheide.

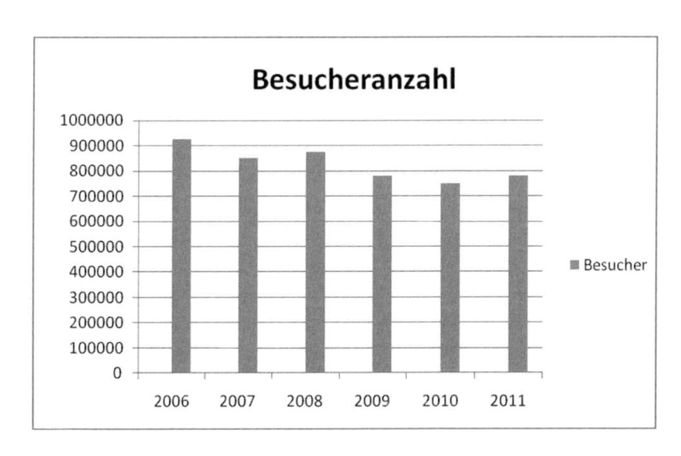

Abb. 2: Gesamtbesucherzahlen FEZ Berlin in der Wuhlheide 2006 bis 2011; Quelle: FEZ Berlin, Geschäftsberichte 2007 bis 2011

In der Abbildung 2 sind die Besucherzahlen der Jahre 2006 bis 2011 abgebildet. In den Abbildungen 4 und 5 ist die Analyse der Besucherstruktur im FEZ Berlin in der Wuhlheide aus dem Jahr 2009 vgl. FEZ Berlin, Geschäftsbericht 2009 dargestellt. Der Großteil der Besucher ist weiblich (73 %). Weiterhin ist erkennbar, dass das FEZ Berlin in der Wuhlheide überwiegend von Kindern im Kindergartenalter 7 bis 10 Jahren besucht wird. Dazu kommen junge Familien mit Erwachsenen im Alter von 30 bis 39 Jahren; die das FEZ Berlin am Wochenende als Erholungsort aufsuchen. Eine weitere Besuchergruppe sind Senioren. Diese kommen zum einen aufgrund der Angebote und zum anderen als Großeltern mit ihren Enkelkindern.

Die dargestellten Diagramme bestätigen die Annahme, des vielschichtigen Altersaufbaus einer gemeinnützigen Liegenschaft. Da nicht alle Altersgruppen vertreten sind, kann mit zusätzlichen Angeboten, z. B. für Teenager und Jugendliche, das Besucherspektrum erweitert werden.

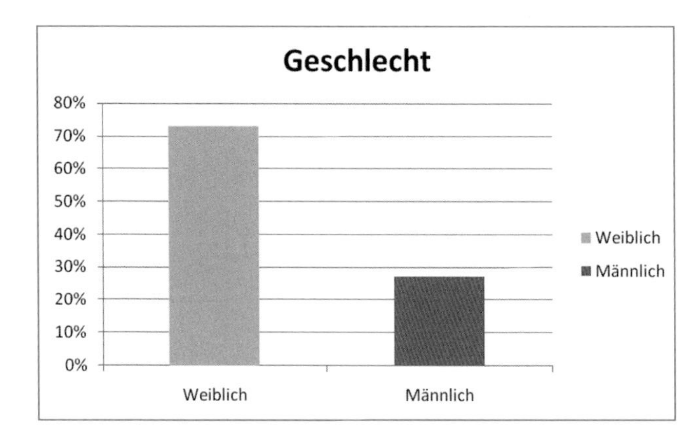

Abb. 3: Aufteilung Besucher FEZ Berlin 2009; Quelle: FEZ Berlin, Geschäftsbericht 2009

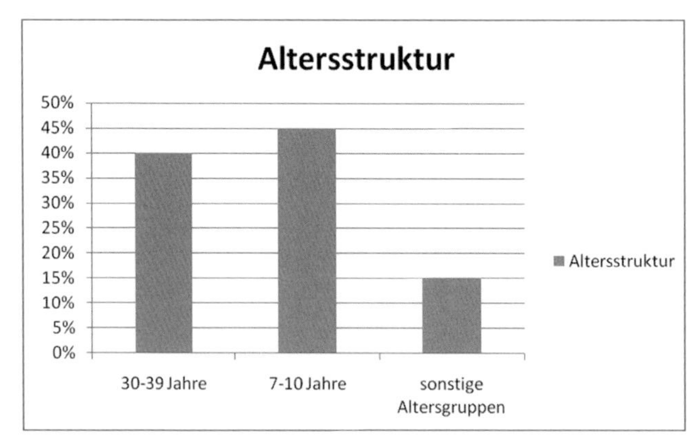

Abb. 4: Altersstruktur Besucher FEZ Berlin; Quelle: FEZ Berlin, Geschäftsbericht 2009

Maßnahmen zur Steigerung der Nachhaltigkeit unter touristischen Aspekten

Wege

Am Beispiel einer optimierten Wegeinfrastruktur, sowie der Schaffung von neuen Angeboten und Erlebnissen auf dem Areal des FEZ Berlin kann die touristische Attraktivität nachhaltig gesteigert werden. Ein einheitliches Wegeleitsystem und eine ansprechende Wegbegrenzung durch Bepflanzung dienen der leichteren Orientierung und gezielten Steuerung der Touristen und Besucherströme.

Sozio-kulturelle Untersuchungspunkte	Ökonomische Untersuchungspunkte	Technische Untersuchungsaspekte
▪ Beschilderung / Wegweisung ▪ Gestaltung, Corporate Identity ▪ Zielgruppenansprache ▪ Funktionalität ▪ Orientierung ▪ Vandalismus	▪ Unterhaltung / Wartung ▪ Intervalle ▪ Kosten ▪ Budget (jährliche Mittelbereitstellung) ▪ Zuständigkeiten	▪ Bestandsaufnahme Wegenetz (Grobschätzung Flächenaufmaß) ▪ Bewertung der Barrierefreiheit ▪ Ausweisung der Belagsmaterialien ▪ Kartographieren des Wegenetzes ▪ Aussagen zu Funktion und Befahrbarkeit der jeweiligen Wegstrecke ▪ Aufnahme von Inventaren (Abfallbehälter, Beschilderung, Wegweiser, Beleuchtung etc.) ▪ Aussagen zu Objektattributen (Baujahr, Wartungsintervall, Begehungsprotokoll, TÜV, Reinigungsintervall etc.)

Tab. 1: Untersuchungspunkte Wegeinfrastruktur;
Quelle: Prof. K. Biek, Dirk Maier, M.Sc., Beuth Hochschule 2012

Die Besucher können sich auf dem Gelände zielgerichtet bewegen, um zeitnah und sicher ihr gewünschtes Ziel zu erreichen. Hierbei sollte auf eine einheitliche und leicht verständliche Beschilderung mit einem hohen Wiedererkennungswert (Corporate Design) Wert gelegt werden. Die Gleichstellung sehbehinderter Menschen ist mittels haptisch gestalteter Informationstafeln umzusetzen. Das für das FEZ Berlin in der Wuhlheide konzeptionierte Wegeleitsystem soll mehrsprachig gestaltet sein, um internationale Gäste oder Menschen mit Migrationshintergrund als neue potenzielle Besucher zu gewinnen. Als Wegeleitpunkte wurden die im Sinne der ökologischen Nachhaltigkeit konzipierten Findlinge, sogenannte FEZ-linge (siehe Abbildung 5) im Areal FEZ Berlin in der Wuhlheide integriert.

Damit auch Senioren oder gehbehinderte Besuchergruppen das FEZ Berlin in der Wuhlheide besuchen können, ist eine barrierefreie Nutzung zu gewährleisten, dafür werden Beläge gegebenenfalls ausgetauscht und Anschlüsse zu unterschiedlichen Belagsmaterialien geebnet.

Abb. 5: Beispieldarstellung FEZ-linge; Quelle: Prof. K. Biek FM Master, Projekt im Portfoliomanagement Beuth Hochschule SoSe 2011

Integrierte Aktivitätszonen

Die Schaffung von neuen Aktivitätszonen und Erlebnissen, die Besucher und Touristen von den üblichen innerstädtischen Sehenswürdigkeiten auch in andere Berliner Bezirke lockt, werden in weiteren Projekten im Rahmen der wissenschaftlichen Kooperation der Beuth Hochschule für Technik Berlin und dem FEZ Berlin in der Wuhlheide konzipiert. Insbesondere die nachhaltige Einbeziehung der ökologischen Komponente Wasser wird am vor Ort befindlichen FEZ-Badesee erforscht und weiterentwickelt; vgl. vgl. BAER2FIT Abschlussbericht 2008-2011 „Aufbau eines Grundmodells für eine biologische Wasseraufbereitung“. Es wird, ausgehend vom Badesee im FEZ, die Wasseraufbereitung in verschiedenen Klimazonen nachgebildet. Die inhaltliche Darstellung des Wasserkreislaufes in Verknüpfung mit den klimatischen Gegebenheiten (z.B. denen von Partnerstädten des Bezirkes Treptow-Köpenick und der Stadt Berlins) werden in „Klimaboxen“ dargestellt. Es ist geplant, einen Weg durch fünf Klimazonen nachzubilden. Es werden die Wasseraufbereitungsmöglichkeiten in der jeweiligen Klimazone gezeigt und erforscht. So werden Bildung, Nachhaltigkeit und Tourismus wirkungsvoll zu einer Einheit zusammengeführt.

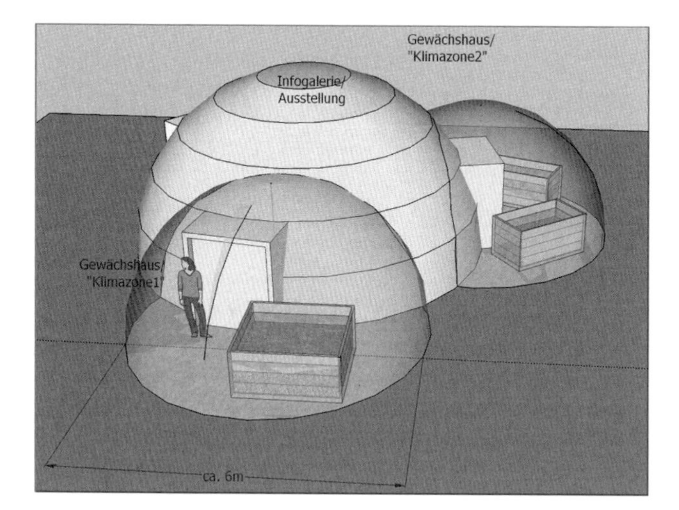

Abb. 6: Entwurf Klimabox; Quelle: BioClime, Prof. K. Biek, H. Broad, Beuth Hochschule 2012

Ausblick

Das FEZ Berlin in der Wuhlheide ist Teil des Gesamtareals Wuhlheide. Alle bis dato erforschten Ergebnisse und Zwischenergebnisse werden an dem Gesamtkomplex gespiegelt und auf ihre Realisierbarkeit hin untersucht. Es werden die Synergien von Bildung, Erholung und Tourismus unter Nachhaltigkeitsaspekten auf ihre Wirksamkeit hin getestet. Das Dreieck der Nachhaltigkeit (vgl. Abb. 1) ist die Zusammenführung aller Aspekte und die Basis für eine einheitliche Betrachtung.

Die Senatsverwaltung für Bildung, Jugend und Wissenschaft, Stadtentwicklungs- und Jugendhilfeplanung -III E 13-, Herr Trutz, hat prospektiv die Entwicklung des Areals FEZ Berlin in der Wuhlheide unter innovativen und wissenschaftlichen Aspekten befürwortet. In der Realität bedeutet das, dass die Entwicklung des Areal Wuhlheide mit der wissenschaftlichen Begleitung der Beuth Hochschule unter touristischen Aspekten erfolgt. Wirtschaft und Wissenschaft werden zielorientiert miteinander verbunden. Aktuell werden die entwickelten Ansätze durch dein Planungsbüro ausgearbeitet und in Form einer Bauplanungsunterlage der Senatsverwaltung zur Genehmigung eingereicht. Des Weiteren sind Flächen auf dem Areal FEZ Berlin in der Wuhlheide geplant auf denen die Beuth Hochschule, die Ergebnisse ausstellen kann und feste Versuche durchführen wird; beispielsweise Wasseraufbereitung als Bildungslehrpfad.

In weiteren FuE-Teilprojekten werden unterschiedliche Wirkmechanismen zueinander erforscht werden. Es ist notwendig, interdisziplinäre Aspekte und systemische Ansätze zu entwickeln, Die hochkomplexen Einzelmaßnahmen müssen immer mit anderen beteiligten Bereichen abgeglichen werden. Ein besonderes Augenmerk wird hierbei auf die Methoden und Verfahren für den Bau und Betrieb von gemeinnützigen Sonderimmobilien gelegt.

Quellen und Literatur:

[Bie 11] Prof. Dipl.-Ing. K. Biek, M. Bartknecht, M. Koch (2011): Touristische Entwicklungen und Konzeptionen in Freizeitanlagen – Beispiel FEZ Berlin in der Wuhlheide; Berlin; ISBN: 978-3-8305-1979-9

[Bie 11] Prof. Dipl.-Ing. K. Biek, H. Krüger, (2011): Aufbau eines Grundmodells für eine biologische Wasseraufbereitung; Berlin; ISBN: 978-3-8305-1979-9

[FEZ 12] FEZ-Berlin, (2012): Kinder-, Jugend- und Familienzentrum - Landesmusikakademie - gemeinnützige Betriebsgesellschaft mbH (KJfz-L-gBmbH): Geschäftsberichte 2006 bis 2011 ; Berlin

[BAE 11] BAER2FIT, (2008 bis 2011): Ergebnisbericht Projekt im Portfoliomanagement; Berlin; Abschlussbericht 2008-2011 ; 3tes Semester FM Master; Sommersemester 2011

Pro Wuhlheide e.V., (Stand August 2012): Übersicht Partner;
URL: http://www.prowuhlheide.de/partner; Abruf am 23.10.2012 um 02:15Uhr

Kontakt

Prof. Dipl.-Ing. Katja Biek

Beuth Hochschule für Technik Berlin
Fachbereich IV / Architektur und Gebäudetechnik
Luxemburger Str. 9, 13353 Berlin

Tel: (030) 4504-2535
E-Mail: biek@beuth-hochschule.de

Der demografische Wandel – Schicksal oder Entscheidung?

Prof. Dr. Karl Michael Ortmann
Forschungsschwerpunkt: Versicherungsmathematik

Kurzfassung

Es ist weithin bekannt, dass sich die demografische Struktur in Deutschland verändert. Eine alternde Bevölkerung belastet im Umlageverfahren des deutschen Sozialversicherungssystems die Solidargemeinschaft im Verlauf der Zeit immer stärker. Die Bevölkerungsalterung stellt einen nicht unwesentlichen Kostensteigerungsfaktor für altersbedingte und gesundheitliche Versorgungsleistungen des deutschen Staates dar. In dieser Studie werden die Auswirkungen des demografischen Wandels auf die gesetzliche Rentenversicherung sowie die gesetzliche Krankenversicherung quantifiziert. Außerdem werden ausgewählte Steuerungsmöglichkeiten anhand von Zukunftsszenarien erörtert, die den Ernst der Lage vor Augen führen.

Abstract

Demographic change – destiny or decision? It is well known that demographics in Germany are changing. An ageing population is a burden in a pay-as-you-go system. The frequently observed trend of rising costs in national health and pension services is partly caused by the fact that the populace is getting older. In this study we quantify the impact of demographic changes in Germany on state pension and health services. Furthermore, we discuss selected options to control future expenditure on the basis of specific scenarios.

Einleitung

Die Analyse der Bevölkerungsentwicklung in Deutschland bildet eine wichtige Grundlage für Weichenstellungen in Politik und Wirtschaft. Auf der Basis demografischer Daten aus der Vergangenheit lassen sich fundierte Prognosen über die zukünftige Entwicklung der Bevölkerung und ihrer Altersstruktur erstellen.

Ziel der Studie ist, auf Grundlage der Projektion der zukünftigen Bevölkerungsentwicklung in Deutschland Rückschlüsse auf potentielle politische Einflussmöglichkeiten für die Nachhaltigkeit der gesetzlichen Renten- und Krankenversicherung zu ziehen. Es soll anhand der Analyse der Bevölkerungsentwicklung geprüft werden, wie sich der demografische Wandel in der Zukunft auf die Finanzierbarkeit der Sozialversicherung auswirken wird.

Es wird dabei wie folgt vorgegangen: Als erstes wird eine Prognose der Bevölkerungsentwicklung in Deutschland und der damit verbundenen Altersstruktur erstellt. Darauf aufbauend werden ausgewählte Steuerungsmöglichkeiten für die gesetzliche Rentenversicherung und deren Effekte näher untersucht. Als zweites wird eine Prognose der Kostenentwicklung im Gesundheitswesen vorgenommen und diskutiert.

Datengrundlage

Für diese Studie wurden die Bevölkerungszahlen und Sterbefälle sowie die Anzahl der Geburten je Alter, Geschlecht und Kalenderjahr benötigt. Diese Daten wurden aus der Human Mortality Database (HMD) abgerufen. Grundlage dieser Informationen wiederum sind die offiziellen Angaben des Statistischen Bundesamtes (Destatis). Desweiteren wurde auf einschlägige Veröffentlichungen der Bundesanstalt für Finanzdienstleistungsaufsicht (BaFin) zurückgegriffen, die jährlich Wahrscheinlichkeitstafeln für die Private Krankenversicherung (PKV) veröffentlicht.

Methodik

Zur empirischen Schätzung der einjährigen Sterbewahrscheinlichkeit wurde die Sterbeziffermethode nach Farr eingesetzt, die auf einer Periodenanalyse der letzten fünfzig Jahre basiert. Um zufällige Schwankungen zu eliminieren, wurde das Whittaker-Henderson-Verfahren als Ausgleichsmethode angewendet. Für die Extrapolation der altersabhängigen Todesfallwahrscheinlichkeiten in der Zukunft wurde das weit verbreitete Lee-Carter-Modell verwendet. Anhand zukünftiger Geburten und Sterbefälle konnte somit die Bevölkerungsentwicklung fortgeschrieben werden.

Die zentrale Modellannahme für die Prognose der zukünftigen Kosten im Gesundheitswesen beruhte auf der Annahme, dass die altersbedingten Kostensteigerungen in der Privaten Krankenversicherung und der Gesetzlichen Krankenversicherung (GKV) proportional zueinander sind. Ausgehend von den tatsächlichen Ausgaben der GKV für alle Leistungsarten und Ausgabenträger konnten die Gesamtaufwendungen der GKV in die Zukunft projiziert werden, indem die Gesamtkosten auf die einzelnen Altersgruppen herunter gebrochen und mit der Bevölkerungsprognose in Zusammenhang gebracht wurden. Durch den Vergleich für zwei aufeinander folgende Kalenderjahre ließen sich Kostensteigerungsfaktoren zunächst für einzelne Altersjahre und folglich für die Gesamtheit aller Versicherten berechnen.

Ergebnisse

Durch ausbleibende Geburten gab es in Deutschland immer weniger jüngere und immer mehr ältere Menschen. Die Fertilitätsrate fiel auf etwa 1,4 Kinder pro Frau im Verlauf ihres Leben und stagniert seit einiger Zeit auf diesem Niveau. Durch ausbleibende Geburten wurde die Masse der Bevölkerung immer älter; das durchschnittliche Alter stieg von 1960 bis 2010 von 35,7 auf 42,9 Jahre.

Tatsächlich gab es somit einen doppelten Alterungseffekt der Bevölkerung zu beobachten: denn die Menschen lebten immer länger [KO 2011b]. Betrug die Lebenserwartung in Westdeutschland für Männer noch 66,5 Jahre, so war sie im Jahr 2010 auf 77,9 Jahre gestiegen. In unseren Bevölkerungsprognosen kam zum Vorschein, dass die Lebenserwartung in Deutschland in der Zukunft weiter steigen wird [KO 2011a]. Bei gleichbleibender Geburtenrate wird folglich das Verhältnis der ökonomisch Aktiven zu den Ruheständlern beständig fallen. Man spricht in diesem Zusammenhang von der so genannten demografischen Zeitbombe, die nicht nur die Rentenversicherung sondern auch die Krankenversicherung betrifft.

Ende 1960 fielen auf 1000 Erwerbsfähige 176 Rentner. Ende 1990 waren es schon 241 Rentner auf 1000 Erwerbsfähige. Anfang 2011 kamen auf 1000 Erwerbsfähige 346 Rentner. Das Kernproblem wird durch den Anstieg des Altersquotienten, das heißt, das Verhältnis der Rentner zu den Erwerbsfähigen, erfasst. Gleichzeitig zur Bevölkerungsexplosion bei den älteren Menschen vollzog sich eine Bevölkerungsimplosion der jüngeren Altersgruppen.

Die schrumpfende Zahl der Jüngeren ist wesentlich bedeutender für die demografische Alterung als die steigende Lebenserwartung. Die im Geburtenrückgang der in der Vergangenheit nicht geborenen Kinder fehlen künftig als potentielle Eltern. Deshalb wird auch die absolute Anzahl der Geburten weiter abnehmen. Davon unberührt bleiben Binnenwanderungen von Ost nach West und von Nord nach Süd sowie vom Land in die Stadt. Bemerkenswert ist in diesem Zusammenhang, dass es innerstädtische Unterschiede gibt. So ist die große Anzahl Kinder in Berlin Prenzlauer Berg auf die junge Bevölkerungsstruktur in diesem Bezirk zurückzuführen [BI 09]. Die hohe Geburtenzahl ist nicht, wie gelegentlich fälschlich behauptet, durch eine erhöhte Fertilität begründet.

Die nachfolgenden Bevölkerungsprognosen beruhen auf einer Verlängerung der Lebenserwartung, einer konstanten Geburtenrate und der Vernachlässigung von Migration.

Abbildung 1 zeigt, dass zum 1.1.2050 der Altersquotient 69,6 % betragen wird, d.h. auf 1.000 Erwerbsfähige entfallen 696 Rentner, die versorgt werden müssen. Dabei ist die Anhebung des Renteneintrittsalters auf 67 Jahre bereits berücksichtigt. Ohne diese Maßnahme würde der Altersquotient in 2050 bei 79,6 % liegen.

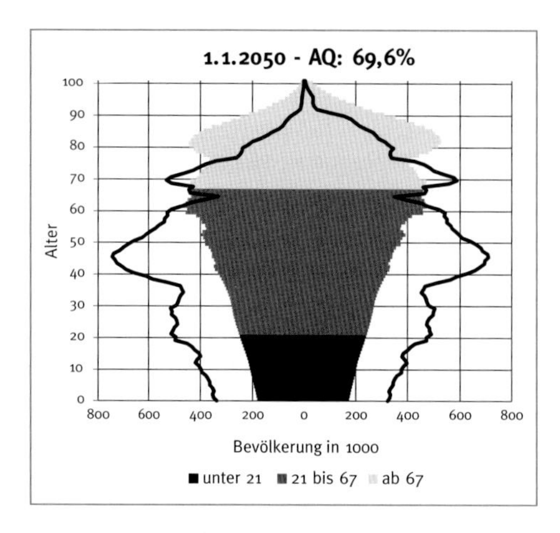

Abb. 1: Bevölkerungspyramide 2050 im Vergleich mit 2010 (als Kontur dargestellt).

Demografische Kennzahlen für den prognostizierten Zeitraum von 2010 bis 2050 sind in Tabelle 1 dargestellt. Daran wird ein deutlicher Rückgang der Bevölkerung von 81,8 Millionen in 2010 auf 62,7 Millionen in 2050 erkennbar. Der Anteil der Alten wird von 20,6 % auf 38,2 % steigen.

Kenngröße	2010	2020	2030	2040	2050
Bevölkerung	81.780.535	79.065.479	74.673.682	69.271.491	62.728.724
Kinder und Jugendliche im Alter 0 - 21	16.275.536	13.746.657	11.809.982	10.215.080	8.734.326
Erwachsene im Alter 21 - 64	48.620.992	46.456.413	40.392.504	34.413.288	30.060.432
Ruheständler im Alter von 65 aufwärts	16.884.008	18.862.410	22.471.196	24.643.122	23.933.966
Durchschnittsalter	42,9	46,0	48,6	51,0	52,9
Verhältnis Aktive zu Alte (Zeile 3 geteilt durch Zeile 4)	2,9	2,5	1,8	1,4	1,3
Altersquotient (Zeile 4 geteilt durch Zeile 3)	34,7 %	40,6 %	55,6 %	71,6 %	79,6 %

Tabelle 1: Prognostizierte Bevölkerungskennzahlen Deutschland 2010-2050.

Im Folgenden wurden ausgewählte Szenarien diskutiert, in denen jeweils genau eine Variable verändert wurde. Derartige Sensitivitätsanalysen sind hilfreich, um Steuerungsmöglichkeiten für die Auswirkungen des demografischen Wandels besser zu erfassen. Zu diesem Zweck wurden die Steuerungsgrößen Rentenbeginn, Fertilität, Immigration und Rentenniveau einzeln verändert. Es ergeben sich die folgenden vier Szenarien:

1) Um den aktuellen Status Quo bezüglich des Altersquotienten in Höhe von 34,7 % (in 2010 gab es auf 1.000 Erwerbsfähige 347 Rentner) zu wahren, müsste im Jahr 2050 das Renteneintrittsalter auf 77 Jahre erhöht sein. Um den Altersquotienten von 1990 in Höhe von 24,1 % zu erreichen, müsste das Renteneintrittsalter in 2050 auf 82 Jahre angehoben worden sein. Die Anhebung des Rentenbeginns würde sicherlich schrittweise erhöht werden, die Betrachtung des Jahres 2050, für sich alleine genommen, ist nicht vollständig, sondern dient der Illustration der Konsequenzen.

2) Selbst wenn die Fertilität ab sofort, das heißt schon in 2012, auf 6 Kinder pro Frau anstiege, würde es bis etwa zum Jahr 2033 dauern, bis der Effekt für die Rentenversicherung erstmals wirksam würde. Denn bis dahin bleiben diese Neugeborenen in der Gruppe der Kinder, Jugendlichen und Auszubildenden, die nicht ökonomisch aktiv ist. Die Zukunft ist also schon gewesen – obwohl sie noch kommt. Abbildung 2 verdeutlicht diese Aussage grafisch. Dadurch wird deutlich, dass die ökonomischen Auswirkungen der Bevölkerungsstruktur in den nächsten zwanzig Jahren nicht durch zusätzliche Geburten beeinflusst werden können.

Unter der Annahme des genannten Fertilitätsanstiegs auf 6 Kinder pro Frau in ihrem Leben wäre in 2050 der Status Quo des Altersquotienten aus dem Jahr 2010 wiederhergestellt. Gleichsam würde freilich die Versorgungslast der Erwerbsfähigen enorm steigen: In diesem Szenario müssten 1000 Erwerbsfähige nicht nur 345 Rentner versorgen, sondern außerdem 1419 Kinder. Die gesamte Versorgungslast stiege somit auf 176,4%.

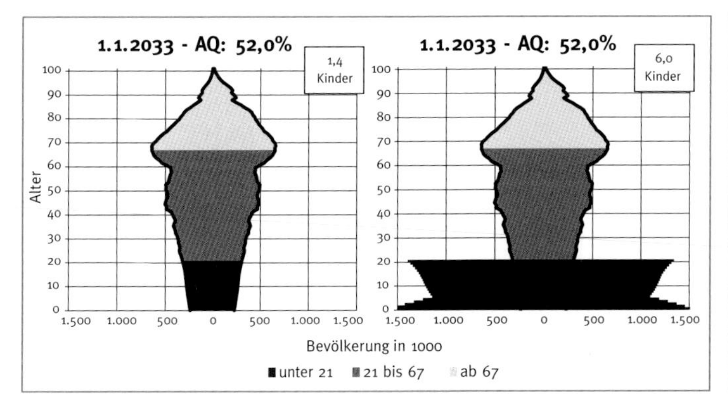

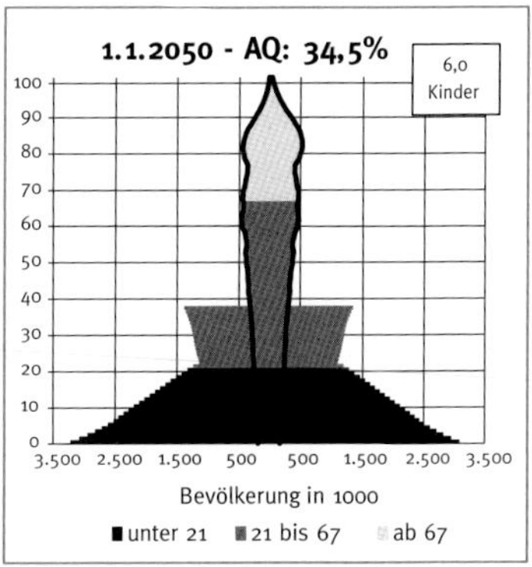

Abb. 2: Bevölkerungspyramiden 2033 mit und ohne sofortigen Geburtenanstieg.

3) Um im Jahr 2050 eine stabile Bevölkerungsstruktur vorzufinden, müssten dann etwa 125,6 Millionen neu hinzugezogene Immigranten in Deutschland leben. Diese Zahl ist doppelt so hoch wie die Anzahl der prognostizierten Bevölkerung von 62,7 Millionen. Abbildung 3 verdeutlicht die hypothetische Bevölkerungspyramide in 2050 mit einer Gesamtbevölkerung von dann 188,3 Millionen.

Dabei ist zu berücksichtigen, dass Immigranten eigene Rentenansprüche erwerben und Kinder bekommen oder mitbringen.

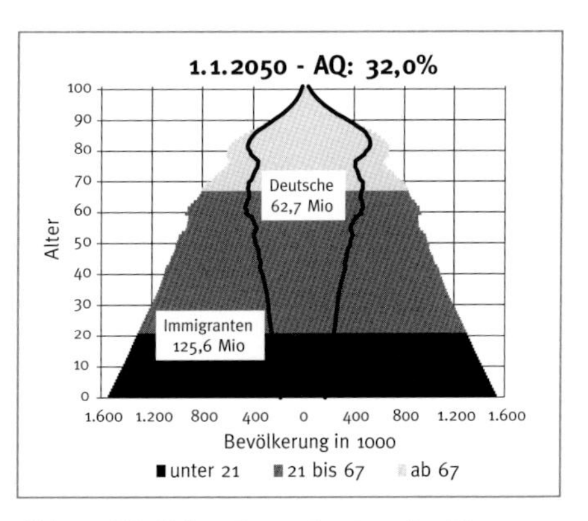

Abb. 3: Mögliches Szenario einer Bevölkerungspyramide in 2050 unter Berücksichtigung von Immigration.

4) Um den Altersquotienten auf das Niveau von 2010 zu drücken, müsste – unter Berücksichtigung der beschlossenen Anhebung des Renteneintrittsalters auf 67 Jahre bis 2028 – das Rentenniveau in etwa halbiert werden, oder aber die Anzahl der Bezugsberechtigten auf die Hälfte reduziert werden.

Dabei ist zu berücksichtigen, dass alte Menschen in der Zukunft weniger gut sozial vernetzt sein werden, als es heutzutage der Fall ist. Der Grund liegt insbesondere in der geringen Zahl der eigenen Verwandten ersten und zweiten Grades. So ist erklärbar, dass gerade ältere Menschen sich in einer großen Stadt einsam fühlen könnten. Sollte die Sterbehilfe in Deutschland etabliert werden, so könnten sich gerade alte Menschen veranlasst sehen, sich zum Wohle der Solidargemeinschaft das Leben zu nehmen. Aus dem Recht auf Tötung kann so die Pflicht zum Sterben werden.

Eine alternde Bevölkerung belastet im Umlageverfahren die Solidargemeinschaft im Verlauf der Zeit immer stärker. Die demografische Zeitbombe betrifft nicht nur die Rentenversicherung sondern auch die gesetzliche Krankenversicherung. Der Anteil derjenigen, die Gesundheitsleistungen in Anspruch nehmen werden, wird wachsen. Denn Menschen verursachen mit zunehmendem Lebensalter im Durchschnitt höhere Krankheitskosten. Durch die ansteigende Lebenserwartung verschärft sich die Situation, da die Morbidität und damit die Leistungsinanspruchnahme im hohen Alter stark anwachsen (OZ 2009).

Ein nicht unwesentlicher Kostenfaktor in der Gesetzlichen Krankenversicherung ist die Alterung der Bevölkerung. Die Projektion des altersbedingten Kostenanstiegs in der GKV ist an die Bevölkerungsprognose gekoppelt. Zur Quantifizierung der Auswirkungen des demografischen Wandels auf das soziale Gesundheitswesen wurde zusätzlich die zukünftige Entwicklung der Gesundheitskosten in Abhängigkeit vom erreichten Lebensalter in Betracht gezogen (Ort 2010a).

Eine Kostenprojektion setzt somit die Kenntnis des zukünftigen Kostenprofils voraus. Im Wesentlichen stehen sich hier zwei sich Thesen gegenüber. Die Medikalisierungsthese besagt, dass mit der künftig zu erwartenden, steigenden Lebenserwartung auch die Gesamtausgaben des Gesundheitswesens steigen werden. So gehören zum Beispiel Hüftoperationen und Katarakte heutzutage zu den häufigsten chirurgischen Eingriffen in deutschen Krankenhäusern. Diese Operationen werden im Allgemeinen an älteren Patienten durchgeführt. Bedingt durch die demografischen Veränderungen wird der Anteil der älteren Menschen immer größer. Folglich wird es zu einem Anstieg der Leistungsfälle und damit der Gesamtkosten kommen. Zusätzlich wirken sich der allgemeine Preisanstieg und der medizinisch-technische Fortschritt kostentreibend aus.

Im Gegensatz dazu geht die Kompressionsthese davon aus, dass das zukünftige Kostenprofil wie ein roter Hering in die Länge gezogen werden wird. Da ein großer Teil der individuellen Krankheitskosten in den letzten Lebensjahren verursacht wird, verschiebt sich dieser Kostenberg mit steigender Lebenserwartung weiter nach hinten. Das zukünftige Kopfschadenprofil wird dadurch gestreckt. Diese These ist konsistent mit der Einschätzung, dass die prognostizierte Verlängerung des Ruhestandes überwiegend in Gesundheit verbracht werden kann.

In Deutschland ist ein deutlicher Rückgang der Bevölkerung zu erwarten. Dennoch werden die inflationsbereinigten Kosten in der GKV in allen drei Thesen zunächst weiter steigen, siehe Abbildung 4. Dieser Effekt ist einzig und allein auf die demografische Veränderung der Bevölkerungsstruktur zurückzuführen. Denn diese Berechnungen beruhen auf konstanten Preisen von 2010 (Ort 2010b).

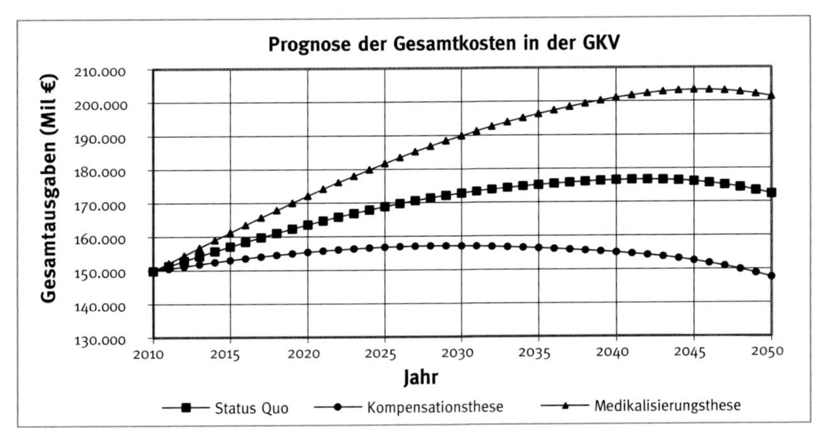

Abb. 4: Zukünftige Gesamtkostenentwicklung in der GKV anhand dreier Szenarien

Bedingt durch die Bevölkerungsalterung werden die Ausgaben der GKV trotz rückläufiger Bevölkerung weiter steigen. Diese Aussage ist unabhängig von der Modellannahme bezüglich des zukünftigen Kostenprofils und insbesondere der medizinischen Inflation.

Die Pro-Kopf-Kosten, bezogen auf die gesamte Bevölkerung in Deutschland, steigen innerhalb der nächsten fünfzehn Jahre bei gleich bleibendem Kostenprofil um etwa 1 % pro Kalenderjahr an, für die Kompensationsthese um etwa 0,5 % und für die Medikalisierungsthese um etwa 1,5 % pro Jahr.

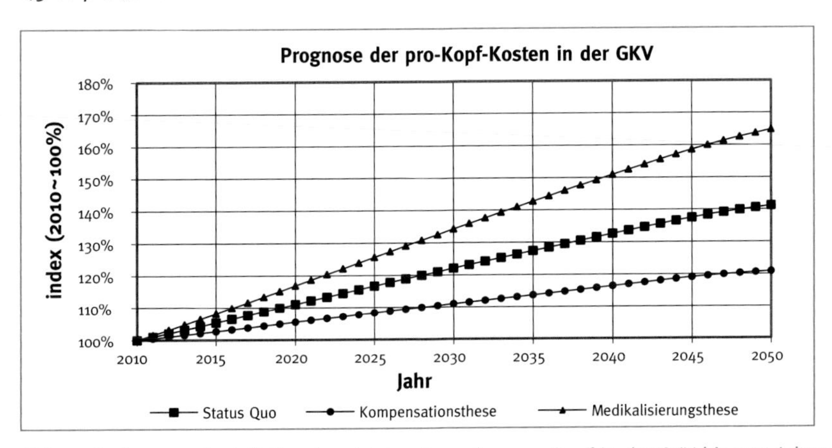

Abb. 5: Steigerung der inflationsbereinigten Ausgaben pro Kopf in der GKV bis zum Jahr 2050

Abbildung 5 zeigt die Entwicklung der Pro-Kopf-Kosten im Zeitraum 2010 bis 2050. Die Kosten pro Kopf werden sich über den Zeitraum der nächsten 40 Jahre inflationsbereinigt um mindestens 20,8 % und maximal 64,8 % erhöhen.

Die demografisch bedingte Bevölkerungsalterung würde für sich genommen in den kommenden Jahren die Notwendigkeit einer Anhebung der Beitragssätze in der GKV um 0,5 % bis 1,5 % pro Jahr implizieren. Die tatsächlich notwendige Beitragsanpassung wird faktisch durch eine Reihe von Faktoren beeinflusst, unter anderen der medizinisch technische Fortschritt, die medizinische Inflation, Kosten sparende Maßnahmen der Kassen und nicht zuletzt auch die gesamtkonjunkturelle Entwicklung, um einige wichtige Einflussgrößen zu nennen.

Zusammenfassung

Tiefe Einschnitte in der staatlichen Altersvorsorge und dem sozialen Gesundheitswesen erscheinen unter Beibehaltung des existierenden Umlagesystems unvermeidlich. Mit Transferzahlungen in dem skizzierten Umfang sind zukünftige Generationen und auch die deutsche Wirtschaft langfristig überfordert. Einfache Rechenbeispiele haben gezeigt, dass eine Lösung für die beiden sozialen Sicherungssysteme keineswegs trivial ist. Nur wenn wir uns rechtzeitig Gedanken über die Zukunft machen, werden wir die soziale Fürsorge im Bereich der Alters- und Krankenversorgung gerecht gestalten können. Sicher ist in diesem Zusammenhang, dass die Ausgaben für soziale Leistungen demografisch bedingt steigen werden und die Leistungen gekürzt werden müssen. Dadurch ergeben sich zwangsläufig Auswirkungen auf das Zusammenleben der Menschen und eine wohlmöglich neue soziale Fürsorge für das Miteinander in der Stadt der Zukunft.

Literatur

[BI 09] Berlin Institut für Bevölkerung und Entwicklung. demos Newsletter Nr. 84, 10. November 2009

[KO 11a] Kunde S., Ortmann K. M. (2011): Vergleichende Analyse der Bevölkerungsentwicklung in Ost- und Westdeutschland. Beuth Hochschule für Technik Berlin, Berichte aus Mathematik, Physik und Chemie, Nr. 02/2011

[KO 11b] Kunde S., Ortmann K. M. (2011): Zur Differenzierung der Mortalität nach geodemografischen und sozioökonomischen Merkmalen, Der Aktuar 17, Heft 4, S. 173-176.

[OZ 09] Ortmann K. M., Ziegenbein R. (2008): Kapitaldeckung im Umlagesystem der Gesetzlichen Krankenversicherung. MV Wissenschaft, ISBN 978-3-86582-725-8.

[Ort 10a] Ortmann K. M. (2010): Financing future public health services. Beuth University Berlin, Reports in Mathematics, Physics and Chemistry, No. 01/2010

[Ort 10b] Ortmann K. M. (2010): Über die demografisch bedingte Entwicklung der Gesundheitskosten. Die Krankenversicherung, Heft 05/2010, S. 144-147.

Kontakt

Prof. Dr. Karl Michael Ortmann

Beuth Hochschule für Technik Berlin
Fachbereich II / Mathematik
Luxemburger Straße 10, 13353 Berlin

Tel.: (030) 4504-5126
E-Mail: ortmann@beuth-hochschule.de

Managing Diversity in internationalen Projektteams an der Hochschule

Prof. Dr. Ilona Buchem
Chancengleichheit und Medienforschung

Kurzfassung

Dieser Beitrag befasst sich mit Strategien zum Umgang mit kultureller Vielfalt in internationalen, virtuellen Projektteams am Beispiel einer standortübergreifenden, projektbasierten Lehrveranstaltung im Rahmen einer internationalen Kooperation „Future Social Learning Networks", in der Studierende aus Deutschland und Israel gemeinsam an der Konzeption und Entwicklung von mobilen Lernapplikationen in virtuellen Teams mithilfe neuer, digitaler Medien kooperiert haben.

Abstract

This paper focuses on strategies for managing cultural diversity in international, virtual project teams based on the example of a cross-border, project-based university course as part of an international cooperation "Future Social Learning Networks", in which students from Germany and Israel collaborated on the design and development of mobile learning applications in virtual student teams using new, digital media.

Einleitung

In den Städten der Zukunft, angesichts der Globalisierung und der Verbreitung moderner Informations- und Kommunikationstechnologien, gewinnen das Lernen und Arbeiten in virtuellen Teams zunehmend an Bedeutung. Unternehmen setzten auf virtuelle Kooperationen, um Mitarbeitern und Experten an verschiedenen Standorten zusammenzubringen, Kosten zu reduzieren, Prozesse zu beschleunigen und Wettbewerbsfähigkeit zu sichern [Kon 08]. Auch in der Lernwelt werden neue Medien eingesetzt, um innovative Kooperationsformate zu ermöglichen, z. B. Massive Open Online Courses (MOOCs) mit mehreren Hunderten von Teilnehmenden aus der ganzen Welt, oder hochschulübergreifende Projektarbeit in zeitlich und räumlich verteilten Teams. Unter dem Einsatz neuer, digitaler Medien können neue Wege der Internationalisierung bestritten werden: Ein intensiver Austausch und Kooperation von Studierenden und Lehrenden kann in vernetzten Lehrveranstaltungen ohne großen finanziellen Aufwand realisiert werden. Mit den zahlreichen Vorteilen, u. a. Entwicklung interkultureller Kompetenzen, Verbesserung von Sprachkompetenzen, Praxiserfahrungen in der internationalen Projektarbeit, gehen mehrere Herausforderungen einher. Dazu zählen u. a. ein hoher Koordinationsaufwand, Vertrauensaufbau über Distanzen hinweg und das Zusammenbringen unterschiedlicher kultureller und fachlicher Perspektiven [Hau 05]. Besondere Herausforderungen ergeben sich für virtuellen Projektteams, in denen Studierende eine gemeinsame Aufgaben zu erfüllen haben. Dabei können vor allem mangelnde Medienkompetenzen, wenige Erfahrungen in der Projektarbeit und Unsicherheiten in der virtuellen Kommunikation zu unüberwindbaren Hindernissen werden. Sprachbarrieren, kulturell bedingte Kommunikations- und Kooperationsstile, unterschiedliche Erwartungshaltungen und Basisannahmen zu Rollen und Aufgaben im Projekt, führen oft zu Missverständnissen und Konflikten, welche das Vertrauen tangieren und die Motivation beeinträchtigen können. Um diese Herausforderungen erfolgreich bewältigen zu können, bedarf es mehrerer Überlegungen und Maßnahmen im Vorfeld und im Prozess der Kooperation. Dieser Beitrag konzentriert sich auf den Diversity-Aspekt und beschreibt einige Ansatzpunkte für den Umgang mit Vielfalt in virtuellen, hochschulübergreifenden Projektteams.

Virtuelle Teamarbeit im Projekt „Future Social Learning Networks“

Das Projekt „Future Social Learning Networks“ ist eine durch die Universität Paderborn initiierte internationale Kooperation mehrerer Hochschulen (Abb. 1). Das Ziel ist, hochschulübergreifende Zusammenarbeit von Studierenden aus verschiedenen Fachdisziplinen mit Hilfe neuer, digitaler Medien zu unterstützen. Im Sommersemester 2012 haben sich an dieser Kooperation sechs Hochschulen aus Deutschland und Israel, u. a. Beuth Hochschule für Technik Berlin mit dem Modul „Mediendidaktik und -konzeption“ im Studiengang Druck- und Medientechnik (DMT/ Master) beteiligt. Im Rahmen der Kooperation, haben Studierenden aus sechs verschiedenen Standorten und Kursen aus verschiedenen Fachdisziplinen gemeinsam, in virtuellen Teams mediendidaktische Konzepte und technische Prototypen für mobile Lernapplikationen entwickelt. Die Teams bestanden aus einem bis zwei Studierenden aus jeder der beteiligten Hochschulen und wurden von einem der Kursleiter in der Mentoren-Rolle betreut. In den interdisziplinären Team sollten verschiedene Kompetenzen und fachspezifisches Wissen zusammen gebracht und bei der Aufgabenbewältigung zielführend eingesetzt werden.

Um den Wegfall realer Kommunikation zu kompensieren und eine gemeinsame Kooperationsumgebung zu schaffen, wurden mehrere Web 2.0 Medien eingesetzt, u. a. Wikis zu teaminterner Erarbeitung von Konzepten, Blogs zur Kommunikation von Ergebnissen im Projekt, Twitter zum spontanen Austausch und Adobe Connect zu Präsentationen von Zwischenschritten der einzelnen Teams in Echtzeit. Für das gesamte Projekt galt eine einheitliche Planung mit Zielen, Rollen, Arbeitsschritten, Medien, Meilensteinen und Ergebnissen. Dabei haben Studierende in jedem Team eine der vier Rollen übernommen, d. h. Manager, Administrator, Konzeptioner oder Entwickler. In diesem vorgegebenen Rahmen konnte jedes Team über die Ausgestaltung einer mobilen Lernapplikation autonom entscheiden. Studierende und Mentoren der einzelnen Teams trafen sich virtuell einmal pro Woche, um Arbeitsschritte zu planen, den Verlauf der Zusammenarbeit abzustimmen und Lösungen gemeinsam zu erarbeiten. Die Ergebnisse der Kooperation umfassen u. a. 12 verschiedene Konzepte und Prototypen der mobilen Lernapplikationen, Projektdokumentationen von jedem Team, E-Portfolios der Studierenden der Beuth Hochschule, Videoaufzeichnungen im Vimeo.

	PAD	BEU	LEV	HOL	BRA	DUE
Name	Universität Paderborn	Beuth Hochschule für Technik Berlin	Levinsky College of Education	Holon Institute of Technology	Technische Universität Braunschweig	Heinrich Heine University Düsseldorf
Stadt	Paderborn	Berlin	Tel Aviv	Holon	Braunschweig	Düsseldorf
Land	Deutschland	Deutschland	Israel	Israel	Deutschland	Deutschland
Disziplin	Informatik	Medien-didaktik	Pädagogik	Instruktions-design	Informatik	Sozialwissen schaften
Mentor	Wolfgang Reinhardt	Ilona Buchem	Moshe Leiba	Moshe Leiba	Alexander Perl	Timo van Treeck

Abb. 1: Partnerhochschulen im Projekt „Future Social Learning Networks“

Managing Diversity als Lehraufgabe

Kulturelle Diversität kann gewinnbringend für virtuelle Teams sein, wenn die Beteiligten bereit sind, ein gemeinsames Ziel zu verfolgen, Rollen und Aufgaben aufeinander abzustimmen und das Wissen zielführend einzubringen [Köp 07]. Bei der Ausschöpfung des Diversity-Potenzials spielen sowohl Studierende als auch Lehrende eine wichtige Rolle. Die Lehrende haben dabei eine besondere Lehraufgabe zu erfüllen. Ausgehend von den Erfahrungen im Projekt „Future Social Learning Networks" werden drei zentrale Anforderungen an Managing Diversity als Lehraufgabe genannt:

Teambildung: Teambildung basiert zum großen Teil auf Vertrauen, d. h. Einschätzung der Vertrauenswürdigkeit in Bezug auf Fachkompetenz, Leistungsbereitschaft und Verhaltenskonsistenz [Köp 07]. Die Aufgaben umfassen, u. a.: (A) Zeit und Platz für persönliches Kennenlernen und informelle Gespräche schaffen; (B) Sensibilisierung für unterschiedliche Kommunikations- und Kooperationsstile und Aufklärung über Mechanismen opportunistischer Strategien, u. a. bei unerfüllten Erwartungen; (C) strukturelle Erfordernisse, u. a. versetzte Zeiten, technsiche Voraussetzungen, beachten.

Teamkoordination: Koordination der virtuellen Projektarbeit ist für die Abstimmung der Arbeitsprozesse, Rollen und Aufgaben und die Versorgung mit Informationen unabdingbar [Köp 07]. Die Aufgaben umfassen: (A) Transparenz und Klarheit über Zielen, Rollen und Aufgaben schaffen und immer wieder überprüfen; (B) Missverständnisse und Konflikte früh aufdecken; (C) Konfliktmanagement einplanen und konstruktive Regelungen definieren.

Teamreflexion: Teamtreffen sind ein wichtiges Instrument zur Stabilisierung der Motivation und Leistungsfähigkeit von Teams [Kon 08]. Die Aufgaben umfassen: (A) Regelmäßige Treffen mit Reflexion zu Rollen, Aufgaben und Erwartungen durchführen; (B) Kulturelle Aspekte thematisieren; (C) Teamreflexion zum festen Bestandteil der Kooperation machen.

Literatur

[Hau 05] Hauenschild, Christa; Schmidt, Christiane; Wagner, Daniela: Managing Diversity in virtuellen Teams - didaktische Strategien zur Unterstützung eines wertschätzenden Umgangs mit kultureller Vielfalt. In: Beneke, Jürgen; Jarman, Francis: Interkulturalität in Wissenschaft und Praxis. Schriftenreihe der Universitätsbibliothek Hildesheim, 2005.

[Köp 07] Köppel, Petra: Kulturelle Diversität in virtuellen Teams. In: Wagner, Dieter; Voigt, Bernd-Friedrich: Diversity-Management als Leitbild von Personalpolitik. Deutscher Universitäts-Verlag, 2007

[Kon 08] Konradt, Udo; Köppel, Petra: Erfolgsfaktoren virtueller Kooperationen, Bertelsmann Stiftung, 2008.

Kontakt

Prof. Dr. Ilona Buchem

Beuth Hochschule für Technik Berlin
Fachbereich I / Wirtschafts- und Gesellschaftswissenschaften / Gender- und Technik-Zentrum
Luxemburger Straße 10, 13353 Berlin

Tel: (030) 4504-5243
E-Mail: buchem@beuth-hochschule.de

Abbildungsverzeichnis

Abb. 1: Partnerhochschulen im Projekt „Future Social Learning Networks"

In der Stadt der Zukunft kommt die Uni zu den Studierenden Online-Verhalten analysieren

Helena Dierenfeld; Prof. Dr. Agathe Merceron; Sebastian Schwarzrock
Learning Analytics – Educational Data Mining

Kurzfassung

In der Stadt der Zukunft ist zu erwarten, dass die Lehre noch stärker mediengestützt stattfinden wird. Jetzt schon werden Lernraumsysteme in vielen Schulen, Hochschulen und Firmen als standardmäßige Austauschplattformen zwischen Dozenten und Lernenden genutzt. Diese Lernsysteme speichern viele Nutzerdaten, welche zur Verbesserung des Verständnisses des Lernvorgangs und damit zur Verbesserung der Lehre herangezogen werden können. Dafür werden Programme benötigt, um die gespeicherten Daten in einer menschenverständlichen Weise auszuwerten. Im Rahmen der beiden Projekte LEMO und NNL sollen solche Analysesysteme geschaffen werden.

Abstract

In the town of the future the use of media to support teaching and learning should continue to grow. Learning management systems are already used as an exchange platform by schools, universities and companies. These learning systems are storing much usage data, which can be used to increase the understanding of the learning process and therefore to improve the teaching process. To attain this goal, programs to analyze usage data are necessary. Such analysis systems are being developed in the context of the two projects LEMO and NNL.

Einleitung

Dank Informations- und Kommunikationstechnologien studieren in der Stadt der Zukunft mindestens genauso viele Studierende von zu Hause, mit eigenem Tempo und Programm, wie Studierende, die traditionell zur Hochschule gehen. Die Uni kommt zu den Studierenden. Bildung und Ausbildung werden immer mehr durch das Internet angeboten. Viele Schulen, Hochschulen und Unternehmen benutzen Lernraumsysteme wie Moodle oder Lernportale wie ChemgaPedia für die Lehre und Weiterbildung. Dieser Trend verstärkt sich und wird vielfältiger, als Beispiel seien die Khan Academy (www.khanacademy.org) oder das Online-Bildungsnetzwerk des Hasso Platner Institutes (www.openHPI.de) genannt. Dies bedeutet, dass Bildungsanbieter ihr Bildungs-Angebot im Internet pflegen und auch erweitern müssen. Um eLearning-Angebote weiter zu entwickeln und um das Angebot auf den Lernplattformen zu verbessern, sind Informationen über das Lernerverhalten und die auf der Plattform ablaufenden Lernprozesse notwendig.

Die Projekte LEMO [Beu 12] und NNL [Die 12] beschäftigen sich beide mit der Analyse von Nutzerdaten in Lernsystemen für verschiedene Endnutzer wie Bildungsanbieter, Inhaltsproduzenten, Dozenten oder auch Wissenschaftler. Sie sollen Analysemethoden zur Verfügung stellen, mit deren Hilfe Fragen wie: „werden die im LMS bereitgestellte Materialien benutzt? Werden die Quiz als Vorbereitung für die Klausur benutzt? Wie homogen sind Studierende in der Ressourcennutzung? Beeinflusst dies die Kursnote?“ beantwortet werden bzw. die Antwortfindung unterstützt werden. Beide Projekte suchen nach Tendenzen in den Daten und haben nicht das Ziel einzelne Nutzer zu verfolgen. Daher werden in beiden Projekten Nutzerdaten anonymisiert verwendet. Das Projekt LEMO sucht nach Lösungen, die sowohl für Lernraumsysteme wie Moodle oder Lernportale wie ChemgaPedia adäquat sind. Das Projekt NNL sucht nach Lösungen für Endnutzer mit verschiedenen Informationstechnologie-Kenntnissen. In diesem Beitrag werden die Werkzeuge, die in diesen Projekten entstehen, vorgestellt.

Es gibt andere Werkzeuge in der Entwicklung, die sich aber von unserem Vorhaben unterscheiden. Zum Beispiel sucht das Monitoring-System LiMS [MFa 10] nicht nach Tendenzen sondern nach Informationen über das Lernverhalten eines spezifischen Nutzers, während das Tool AAT [Gra 11] sich vor allem an Inhaltsproduzenten richtet.

Analyse der Nutzerdaten

Da die Daten für beide Projekte aus den unterschiedlichsten Lernraumsystemen, bzw. im Fall von LEMO auch aus Lernportalen stammen, wurde ein einheitliches Datenmodell entwickelt, in das die Ausgangsdaten überführt werden. Die Überführung erfolgt mittels sogenannter Connectoren: Für jedes Quellsystem wird ein Connector implementiert. Die Datenbank der Anwendung kann durch eine Updatefunktion jederzeit mit den Daten des Quellsystems synchronisiert werden. Während der Datenüberführung werden die Ausgangsdaten bereinigt und anonymisiert.

Im vorigen Projekt [Kru 10] wurde ein Fragenkatalog angefangen, der konkrete Erwartungen der Partner und Projektbeteiligten an ein Analyse-Tool enthält. Dieser Katalog wurde erweitert und bildet die Basis für die Anforderungen der Anwendungen.

LEMO

Implementiert werden zunächst Analysemethoden und Visualisierungen, die es erlauben konkrete Fragen im Bereich Materialnutzung zu beantworten. Dieser wird in zwei Teilbereiche unterteilt: Die Zugriffs- und Navigationsanalyse. Die letztere wird hier erläutert.

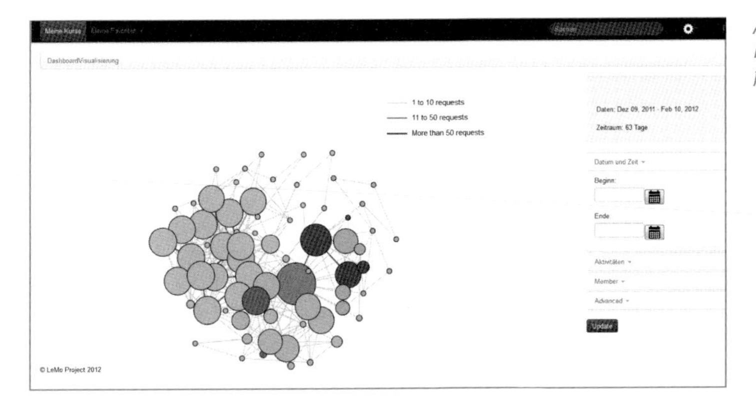

Abb. 1: Aggregation der Pfade – jede Farbe steht für einen Lernobjekttypen

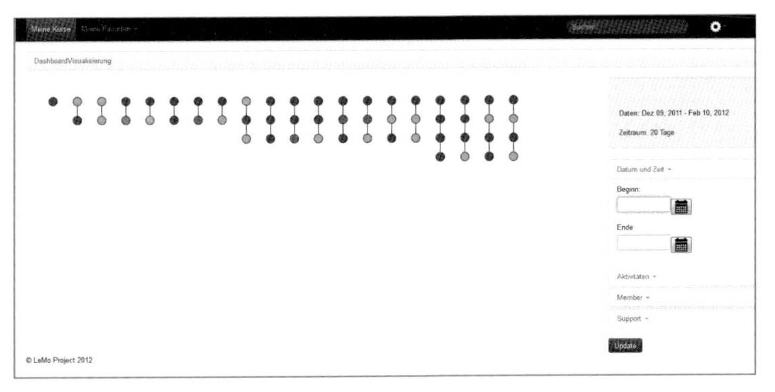

Abb. 2: Häufige Pfade – jede Farbe steht für ein bestimmtes Lernobjekt.

Die Navigationsanalyse beschäftigt sich mit der Erfassung und Visualisierung von Nutzerpfaden, d.h. der zeitlichen Reihenfolge von Lernobjektaufrufen der Nutzer: Zum Beispiel Zugriff auf die Seite „Bedeutung der Entropie" gefolgt vom Zugriff auf die Seite „Energie und Entropie" usw.

Da Lernportale wie Chemgapedia [Fiz 12] Tausende von Nutzern pro Tag haben, ist es nicht sinnvoll, die einzelnen Nutzerpfade zu visualisieren. Was visualisiert werden soll ist eine Zusammenfassung. Beim aktuellen Entwicklungsstand können zwei verschiedene Zusammenfassungen unterschieden werden. Bei der ersten Auswertung handelt es sich um eine Aggregation aller, innerhalb eines Kurses aufgetretenen Abfolgen von Lernobjektaufrufen (Abb. 1). Dargestellt wird ein Graph, dessen Knoten alle aufgerufenen Objekte des Kurses sind und dessen Kanten aufeinanderfolgende Zugriffe symbolisieren. Auf einen Blick lassen sich hier mehrere Charakteristika des Nutzerverhaltens erkennen. Da die Größe der Knoten von der Anzahl der Zugriffe auf das jeweilige Objekt bestimmt wird, sind vielbesuchte Lerninhalte sofort auszumachen. Eine Kante bedeutet, dass auf die beiden Lerninhalte, die diese verbindet, nacheinander zugegriffen wurde.

Eine weitere Zusammenfassung bietet die Funktion „Häufige Pfade". Ziel ist es, eine Reihenfolge von Lerninhalten zu ermitteln, denen eine Mindestzahl von Nutzern gefolgt ist. Der vollständige Pfad einzelner Nutzer wird nicht gezeigt, nur der häufigste Teil wird mit dieser Zusammenfassung dargestellt (Abb. 2). Mit dieser Visualisierung können Dozenten oder Administratoren erkennen, ob die von ihnen beabsichtigten Pfade von den Nutzern befolgt werden oder sich andere Navigationsmuster erkennen lassen. Für die Ermittlung häufiger Pfade wird der BIDE-Algorithmus [Wan 04] verwendet.

Im Webinterface der Anwendung können die Parameter der Berechnung (Zeitraum, die Menge der zu berücksichtigenden Nutzer und die minimale Auftrittswahrscheinlichkeit der zurückgegebenen Pfade) vom Benutzer frei angepasst werden. Wird im Bild ein Lernobjekt innerhalb dieser Pfade ausgewählt, werden zusätzliche Informationen zum Objekt angezeigt.

NNL

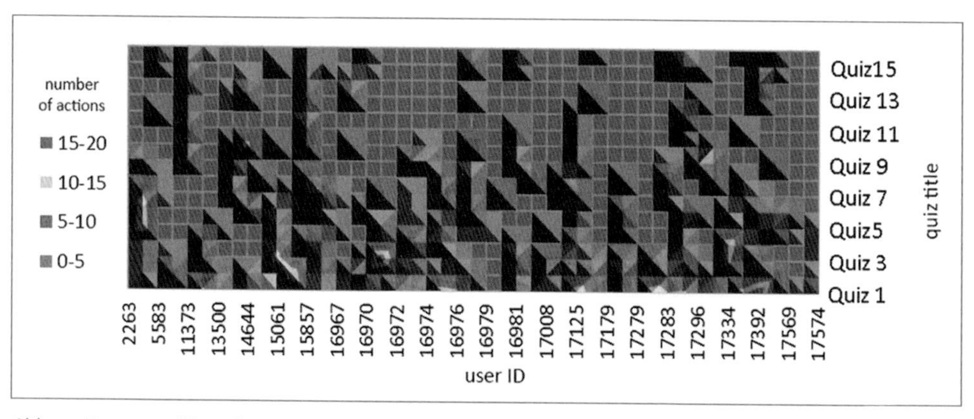

Abb. 3: Nutzerzugriffe auf Quizze innerhalb eines Kurses.

Der Fokus bei NNL liegt in der Untersuchung von konkreten Kursen in Lernraumsystemen für verschiedene Endnutzer. Im ersten Entwicklungsschritt wurden zwei Arten von Endnutzern betrachtet: Endnutzer, die einen knappen Überblick über Zugriffe und Leistung möchten, und Endnutzer, die mit Pivot-Tabellen umgehen können. Im letzten Fall werden die Daten so aufbereitet, dass es dem Endnutzer ermöglicht wird, Auswertungen mittels Pivot Tabellen [Die 12] selbst vorzunehmen.

Der Nutzeraufwand wird durch das Anbieten verschiedener Vorlagen minimiert. Hierdurch kann der Nutzer sehr flexible Analysen durchführen. Zum Beispiel zeigt Abb. 3 die Zugriffe der unterschiedlichen Nutzer auf angebotene Quizze innerhalb eines Kurses. Diese Analyse zeigt, wie unterschiedlich Studierende mit Lernmaterial umgehen: Einige nutzen angebotene Ressourcen

sehr intensiv, während andere sie kaum nutzen. Andere Vorlagen erlauben es, einen Überblick über Ergebnisse von Tests zu erhalten.

Kombiniert man diese beiden Analysen, lassen sich Schlussfolgerungen auf den Einfluss von bestimmten Lernobjekten auf die Leistung untersuchen: Zum Beispiel haben Studierende, die Quiz 1 gelöst haben, eine bessere Klausur-Note als jene, die Quiz 1 nicht gelöst haben?

Durch das Auswählen verschiedener Filtermethoden können die Analysen weiter verfeinert werden.

Zusammenfassung

In den Projekten LEMO und NNL werden die Nutzerdaten von Lernraumsystemen bzw. Lernportalen ausgewertet. Zukünftige Arbeiten beinhalten eine ausführliche Evaluierung der jetzigen Prototypen für beide Projekte. Ferner wird im Projekt LEMO eine effiziente Verwaltung großer Datenmenge recherchiert, während im Projekt NNL die Einbindung von Data Mining Verfahren erforscht wird.

Literatur

[Beu 12] Beuster, L.; Elkina, M.; Fortenbacher, A.; Kappe, L.; Merceron, A.; Pursian, A.; Schwarzrock, S.; Wenzlaff, B.: LeMo-Lernprozessmonitoring auf personalisierenden und nicht personalisierenden Lernplattformen. In Proceedings of the GML[2] Grundfragen des Multimedialen Lehrens und Lernens Conference, Berlin, Germany, March 15-16, Waxmann Verlag, 63-76, 2012

[Die 12] Dierenfeld, H.; and A. Merceron, A.: Learning Analytics with Excel Pivot Tables. Proceedings of the 1st Moodle Research Conference. S. Retalis & M. Dougamias (Eds.) pp. 115- 121. Chernia, Creete, Sept. 14-15 2012.

[Gra 11] Graf. S.; Ives, C.; Rahman, N.; Ferri, A.: AAT – A Tool for Accessing and Analysing Students' Behaviour Data in Learning Systems. In Proceedings of the Conference on Learning Analytics & Knowledge, Banff, Alberta, Canada, February 27 – March 01,LAK2011, ACM New York, NY, USA, pp. 174-179, 2011.

[Kru 10] Krüger, A., Merceron, A., Wolf, B. 2010: A Data Model to Ease Analysis and Mining of Educational Data. In Proceedings of the 3th International Conference on Educational Data Mining (Pittsburg, USA , June 11-13), EDM2010, 131-140.

[MFa 10] MacFayden, L.P.; Sorenson P.: Using LiMS (the Learner Interaction Monitoring System) to Track Online Learner Engagement and Evaluate Course Design. Proceedings of the 3rd International Conference on Educational Data Mining, CMU, Pittsburgh, June 11-13.06.10, pp.301-302, 2010.

[Wan 04] Wang J.Y., Han, J.W: BIDE: Efficient mining of frequent closed sets. In Proceeding ICDE ,04 Proceedings of the 20th International Conference on Data Engineering. IEEE Computer Society Washington, DC, USA, 79-90. www.chemgapedia.de

Kontakt

Prof. Dr. Agathe Merceron

Beuth Hochschule für Technik Berlin
Fachbereich VI / Informatik und Medien
Luxemburger Straße 10, 13353 Berlin

Tel: (030) 4504-5105
E-Mail: merceron@beuth-hochschule.de

Abbildungsverzeichnis

Abb. 1: Navigationsanalyse – Jede Farbe steht für einen Lernobjekttypen

Abb. 2: Häufige Pfade – jede Farbe steht für ein bestimmtes Lernobjekt.

Abb. 3: Nutzerzugriffe auf Quizze innerhalb eines Kurses.

Impressum

Logos Verlag Berlin GmbH
Comeniushof, Gubener Str. 47
D-10243 Berlin

Tel.: +49 (0)30 4285 1090
Fax: +49 (0)30 4285 1092

E-Mail: redaktion@logos-verlag.de
Internet: www.logos-verlag.de

Eine Publikation der Beuth Hochschule für Technik Berlin

Luxemburger Straße 10
13353 Berlin

Tel.: +49 30 4504-2043
Internet: www.beuth-hochschule.de

Herausgeber/-in:

Prof. Dr. rer. nat. Monika Gross (Präsidentin)

Prof. Dr. rer. nat. Sebastian von Klinski
(Vizepräsident für Forschung und Hochschulprozesse)

Redaktion:

Lydia Strutzberg

Layout:

aweberdesign.de . Büro für Gestaltung
Kaskelstraße 29
10317 Berlin

Internet: www.aweberdesign.de

Februar 2013

ISBN: 978-3-8325-3352-6